U0081582

話說
文學編輯

楊宗翰——編

編者序　走向文學編輯之道

楊宗翰
國立臺北教育大學語文與創作學系副教授

隨著各大學因應時代變化與追求學用合一，「出版編輯」近年間在各家中文／臺文／華文／語創系的課程設計上，或列為選修，或進入學程，聘用具有豐富經驗的業師蒞校授課或公開演講亦漸成常態。一向敏感的產業界也不願落居學術界之後，由公會、協會、基金會陸續開辦人才培育班或編輯養成營，學員組成從高中生、圈內人到中高階社務主管都有，涵蓋廣泛，參與踴躍。位居第一線的出版社，挾《重版出來》、《羅曼史是別冊附錄》等話題日、韓劇威力之助，晚近亦印行了不少出版工作相關之書籍，唯仍以譯作比例占絕對多數。這些或許不能讓人完全忘記，今日仍是一個出版形勢嚴峻的年代；但也可視為黑暗降臨、徬徨時分的一盞盞燈火，至少避免讓想進入出版編輯界的新鮮人頹喪心智，後繼者迷失方向。

身為文學人，就該談文學事。一個以出版編輯為授課範圍之一的文學教師，值此時局，該如何做？在固守教室外，又能夠做什麼？所以本人在二〇一九年十二月二十七日舉辦一場「文學、編輯與出版學術研討會」，邀請到各大學講授編輯課程、從事實際編務、策畫出版選題的學者專家，以演講、論文、座談三種形式，齊聚論學。二〇二〇年九月再以該次研討會為基礎內容，出版《大編時代：文學、出版與編輯論》（臺北：秀威資訊）。我主編此書時力求以學術書籍樣貌呈現，目的就在打破過往視出版編輯為師徒經驗傳授，不具研究價值的偏見。書中特意彰顯多位臺灣的文學編輯前輩，並冠以「大編」之名。我認為這些「大編」的存在及事蹟，更能映照出今人酷好自稱為「小編」，是何其荒謬與諷刺之舉！滿街小編走，氣短志不高，能夠承擔起什麼大任呢？「大編」之所以為大，是大在心態，大在視野，大在對編輯這份職業／志業的企圖與實踐。這類值得敬重的文學編輯為數甚多，遍布於臺灣各家報紙、雜誌、圖書乃至新媒體。他們必是吾人未來思考與建構當代編輯學時，無法繞過的研究對象及堪稱壯麗的文化風景。

若真要走向文學編輯之道，僅靠上述這些顯然仍不足。因為身在學院授課，偶至民間講學，本人深切感受尚需更多可供備選之教材——這並非指完全沒有一部可用教材，僅以手邊所藏或市面所見，即可列出以下分類書單：

（一）教科用書型：

可選擇的出版編輯教科用書，不是種類不多，就是距今遙遠，已成臺灣各校編輯課程面臨的一大困境。為此教師甚至還可能不得不影印絕版多年的羅莉玲《編輯事典》（臺北：大村，一九九一）或曾協泰編《書刊編輯出版實務》（臺北：臺灣珠海，一九九三），其實書中內容與使用工具皆過於老舊，可藉助者只剩下觀念啟發。曾協泰此書當年為港、臺兩地同步發行，書中還不時可見港式用語。同樣來自香港的教材，還有余也魯《雜誌編輯學》（香港：海天書樓，一九八二），但問市距今逾四十載，恐怕比曾協泰所編那部離當代更遠。翻譯書部分，較多人選用Jan V. White《創意編輯》（*Editing by Design*，沈怡譯，臺北：美璟，一九九五）、《雜誌編輯》（*Designing for Magazine*，許作淳譯，臺北：美璟，一九九五）跟《設計編輯》（*Graphic Idea Notebook*，許作淳譯，臺北：美璟，一九九七）。這三本都是美國密蘇里新聞學院研究所用書，其中尤以《創意編輯》最具口碑與影響。但除了翻譯書的語境跟舉例與臺灣當下有別，必須知道其實這些是「舊書重印」，亦即為一九八七年人間出版社絕版後的改版重出。人間版印行時封面上寫道：「第一本完整的圖文編輯解析」，這麼多年過去了，於今實有尋找更合宜授課教材之必要。

我認為教科用書型出版物中，當以政治大學張堂錡教授《編輯學實用教程——以報紙副刊為中心》（北縣：業強，二〇〇二）最為合用，因作者曾任職《中央日報》副刊，後又進入大學任教並開設編輯課程，確為目前坊間最能兼具理論與實務的文藝編輯教材。唯書名本已明確標示「以報紙副刊為中心」，故在其他類別如文藝雜誌上，僅能提供六頁篇幅（自九十三到九十九頁）。只能期待作者擇日另行擴寫。

（二）經驗傳承型：

這類書籍常被講授文藝編輯的教師推薦閱讀或參考選用，本土例子相當之多，並可分為圖書、副刊與雜誌三種。圖書部分，已退役離開職場前線的資深編輯周浩正，在臺灣有《編輯道》（臺北：文經社，二〇〇六），在對岸有

《優秀編輯的四門必修課》（北京：金城出版社，二〇〇八）與《如何提高編輯力》（北京：金城出版社，二〇一五），所舉之例從遠流詹宏志到蘋果賈伯斯，且多以書信體形式分享個人出版經驗。還在爾雅出版第一線、年逾八十的隱地（柯青華），所著之《出版圈圈夢》（臺北：爾雅，二〇一四）、《清晨的人：爾雅四十周年回憶散章》（臺北：爾雅，二〇一五）、《深夜的人：爾雅四十周年回憶續篇》（臺北：爾雅，二〇一五）、《一根線：從文壇因緣到出版的故事》（臺北：爾雅，二〇二〇）等書，皆是以一介文學編輯人，回顧一路走來的出版因緣。

文學副刊編輯部分，如孫如陵《副刊論：中央副刊實錄》（臺北：文史哲，二〇〇八）、林黛嫚《推浪的人》（臺北：木蘭文化，二〇一六）跟宇文正《文字手藝人：一位副刊主編的知見苦樂》（臺北：有鹿，二〇一七），三書是《中央日報》與《聯合報》副刊主編的經驗之談，當可一窺三人各自的文學副刊編輯心法。至於雜誌編輯，前有封德屏《荊棘裡的亮光：「文訊」編輯檯的故事》（臺北：爾雅，二〇一四）與《我們種字，你收書：「文訊」編輯檯的故事2》（臺北：爾雅，二〇一九）；後有王聰威《編輯樣》（臺北：聯經，二〇一四）與《編輯樣II：會編雜誌，就會創意提案！》（臺北：聯經，二〇二〇）。這些書都是兩位總編輯，分別在《文訊》、《聯合文學》上發表過的「雜誌編輯室報告」精選，從中可以讀到專題如何企畫、視覺怎麼設計、邀稿選稿秘訣等等重要資訊。另一本值得注意的雜誌編輯相關書籍，應為黃威融《雜誌俱樂部，招生中！：抒情時代的感性編輯手記》（臺北：大塊文化，二〇一四）。作者曾任《小日子》等雜誌創刊總編輯，此書就不是編輯室報告精華摘錄，而是雜誌編輯心法的解說傳承，尤其可供學生在「新創雜誌」時作為「自我定位」的參考座標（譬如書中提及，需要設定新雜誌的美術形式、封面主題和修辭手法）。曾任職於《30》、《今周刊》與《財訊》等多份雜誌的康文炳，所著之《一次搞懂標點符號》（臺北：允晨，二〇一八）、《編輯七力（修訂本）》（臺北：允晨，二〇一九）、《回憶的敘事：一個編輯人的微筆記》（臺北：允晨，二〇二〇）也屬於經驗傳承，但其可貴之處在於不僅止於「老編雜憶」，而是以更具系統性的說明，足以增進學生在編輯技術層面的知能需求。

（三）體制觀察型：

此類常與前述「經驗傳承型」混合，一時間頗不易辨別。對出版體制（或說體質，似無不可？）的診斷，最常被提及的當屬陳穎青《老貓學出版：編輯的技藝&二十年出版經驗完全彙整》（臺北：時報，二〇〇七）與《老貓學數位PLUS》（臺北：貓頭鷹，二〇一〇）。作者長期從事與觀察出版產業，視野跨越紙本，延伸至數位，頗能一新讀者視野。大雁出版基地創辦人蘇拾平從現象推回到本質，以產業經營面來觀照全局，繳出了《文化創意產業的思考技術——我的120道出版經營練習題》（臺北：如果，二〇〇七），屬於對臺灣出版體制的全面性反省。類似的產業觀察尚有王乾任《出版產業大未來》（北縣：生活人文，二〇〇四）、孟樊《臺灣出版文化讀本》（臺北：唐山，二〇〇七）等，但大多都偏向短篇文章或專欄結集。此處還必須提到傅瑞德《一個人的出版史》（臺北：潑墨數位，二〇一三）。它是作者經營、參與、觀察數位出版十年後的產物，問世迄今雖又過十年，其中所論仍頗具參考價值。產業觀察部分尚有楊玲《為什麼書賣這麼貴？——臺灣出版行銷指南》（臺北：

新銳文創，二〇一一），改編自其國北教大語創系碩士論文（原題「臺灣文學出版行銷策略」），故出版時書名雖拿掉「文學」兩字，內容跟例證仍全是臺灣的文學出版。

以上三類只是權宜之分，所列書單可供有志者閱讀與參考。坊間尚有一些相關著作，但我以為其中多有「當代性貧弱」、「在地性匱缺」或「類別性不符」之病。雖不擬多提，但仍須解釋：所謂「當代性貧弱」指教材過時，主要是因為出版時間太早，導致於今顯不合用。「在地性匱缺」則多涉及翻譯類書籍，雖可參閱但畢竟離臺灣的出版情境太過遙遠，過往很受歡迎的鷲尾賢也《編輯力：從創意企畫到人際關係》（臺北：先覺，二〇〇五）、見城徹《編輯這種病》（臺北：時報，二〇〇九）等皆在此列。至於早期編輯課程中頗多老師選用，Gerald Gross所編之《編輯人的世界》（*Editors on Editing: What Writers Need to Know About What Editors Do*，臺北：天下文化，一九九八），全書內容固然豐富，但畢竟還是上個世紀的產物，在臺灣也絕版多時了。對岸尚有二〇一九年由北京的十月文藝出版社印行之簡體版，譯者同樣是齊若蘭，推測繁、簡體當為同一版本。最後，「類別性不符」是指因屬開設在中文／臺文

／華文／語創系之課程，自應聚焦於「文學編輯」，以符合課程教學目標與學習對象設定。

綜上所述，今日臺灣更需要一部兼具「當代性」、「在地性」與「類別相符」的合適教材，以啟發青年學子願意走向文學編輯之道。我就是帶著這樣的美好想像，架構起這本《話說文學編輯》的基礎骨幹，並邀請中壯世代編輯們一起填充其血肉。全書分為三輯，分別為「編輯日常」、「職項認知」與「憶昔思今」。第一輯乃是從文學編輯的日常工作出發，再依照媒體各別屬性分類，遂邀得吳鈞堯談文學雜誌、陳逸華談文學圖書、孫梓評談文學副刊（董柏廷訪問）、蘇紹連談文學網站。他們每位在自己所屬的編輯工作領域已有多年經驗，對編務甘苦與心頭點滴，當能做出最誠摯、不矯飾的說明。第二輯則邀請六位現任編輯現身，以各自經驗來敘述工作上應該具備的職項認知。他們的身分涵蓋總編輯、書系主編、美術設計、接案外編、大學學報主編及專業經理人，所言確實可讓讀者認識到「編輯」兩字的裡裡外外、方方面面，但也都沒有超過「文學」的領域及範圍。第三輯「憶昔思今」為我特意安排，欲藉此向曾經黃金般耀眼、如今黯淡且乏力的報紙副刊致敬，也向仍堅守著工作崗位的現任編輯打氣。這是一個紙媒急遽衰退的年代，報紙及轄下的副刊受害尤深；但它並不是沒有過屬於自己的輝煌時刻——《中央副刊》主編梅新、《人間副刊》主編高信疆、《聯合副刊》主編瘂弦、《中華副刊》主編蔡文甫等人，可以說是他們共同營構出上個世紀「大副刊時代」的繁花盛景。這幾位在職期間無不積極以編輯行為推動文運，介入社會，影響全民，堪稱是把文學編輯的角色做到最大，也把曾經的冷副刊變成了硝煙滾滾的熱戰場。紙上風雲已歇，笑傲江湖唱罷，但報紙仍在，副刊也仍在。或持守紙本，或兼營數位，日常編務還是需要有「人」繼續努力。作為《話說文學編輯》的主編，很高興全書恰好結束在《人間副刊》現任主編盧美杏的這段話：「我並非中文或新聞系出身，只是從小將報社副刊編輯視為人生志業，並在這多年職業生涯裡樂在其中，把種種酸甜苦樂轉化為成長養分，如果你也跟我一樣，有一顆熱誠學習之心，樂於隱身幕後當一名編織者，那麼，你已掌握副刊編輯的入職密碼，打開副刊之門，來玩吧。」——是的，來吧，歡迎走向文學編輯之道。

目次

第二輯 職項認知

第三輯 憶昔思今

編輯日常。

第一輯

主編一天表情：多情文字、現實數字

吳鈞堯

中華民國筆會秘書長，曾任《幼獅文藝》主編

在職或離職，都不減人們對我工作的打探，編輯做些什麼事情？需要應對什麼？有哪些難纏的人事物？編輯工作自成疆域，如果有興趣，牆外的人想開一扇門進來，或者爬上牆頭，略窺一二亦好。

編輯或主編工作並非靜態，它至少牽扯到四個關係，作者、編輯、出版社以及讀者。四者彼此串聯、影響。比如讀者定位，雜誌編給誰看？需要適時進行調查，以更洞悉讀者心理嗎？在以往，常見雜誌製作問卷並採取鼓勵措施，寄書、摸彩、贈送實惠三C產品或美妝用品等，端看雜誌社怎麼在異業合作中充實獎品，爭取讀者的回饋，這其中又關係到雜誌社特色、出版品風格，以及是否有專職的企劃負責；或者編輯身兼企劃，一舉統籌文字編輯、企劃發想、文案撰寫與執行。

一九九九年五月初進入幼獅公司，主編《幼獅文藝》時，當時的氣氛是編輯歸編輯、企劃歸企劃，有時候井水不犯河水，相敬如賓也如冰，編輯部、行銷部會議時，彼此難有好臉色。井水不犯河水，水域哪能壯盛？當年頗多知名出版社，不設置「企劃」一職，而遵循古法，找對作者、印製成書，透過書商鋪到書店，就能以道林紙換取鈔票。

這事可怕。一個編輯如果不是動態管理，不停進修、學習，怎麼維持競爭力？倘若發生大變革，很快會被淘汰。我接任《幼獅文藝》主編，就沒打算安分守己，當個乖主編。

編輯要對應許多作者，尤其知名作家。我常給編輯新鮮人忠告，當一個好編輯大約有兩個方向，一是專注編務，培養眼光、審美觀，若不能製造潮流至少要盡快跟上潮流，成為一個有影響力的編輯。另是拿起筆寫作，最好寫出名堂來，身兼編輯與作家，比純粹的編輯更有發言權。我的寫作同行不是每一位都慈眉善目，何況作者個性稜角多，才有許多的不平得以文字熨平。我無意揣測每個人寫作動機，只是想說，不少作家個性獨特，成為他們的一員以後，自然更容易享有平起平坐的發言立場。

有此感悟，誠屬過來者心聲，我在主編場上獲得許多掌聲，噓聲以及教訓聲，當然也聲聲如常。如果有人願意跟《聯合報》副刊前主任陳義芝、現職主任宇文正、副主任王盛弘打探，肯定秘辛不少，《中國時報》歷任大主編楊澤、劉克襄、焦桐、簡白以及盧美杏等亦然，我曾有機會參加《自由時報》副刊主任蔡素芬飯局，來賓非常「誠實」地說，「這菜做得不好。」主編孫梓評年紀更輕，想必「折騰」更多。

《幼獅文藝》讀者群定位不同副刊，約莫十六到二十五歲年輕族群，來稿的寫作者多屬年輕，接觸大牌作家機會少。作者當然也會長大、茁壯，直白點說就是「變老」，不過多數作者知道雜誌屬性，茁壯成家以後來稿常常自動減量。

作者、編輯、出版社跟讀者也屬「滾動式管理」，對我而言，關係最糾葛是「讀者」與「作者」。他們的位置可以互換，閱讀然後也投稿，我跟作者、讀者能夠建立深刻因緣，一個關鍵是我剛到《幼獅文藝》時，一直沒有等到編輯給我稿件審閱。該來總是會來，卻遲了好幾週，因為編輯怯於果斷取捨，難以抉擇。往好處想是編輯盡心，唯恐錯殺稿件，往弱處說，專業能力便顯不足，所以我收回第一線審稿權，從一九九九年七月到二〇一六年五月、從紙本投稿到網路投稿，我都直接面對作者。這樣的作業系統有別其他雜誌與副刊。我還記得收過楊佳嫻、鯨向海的紙本投稿。二十一世紀初的事情，回想起來，記憶依然鮮綠。

審稿、用稿由我獨斷，文學看法免不了偏見作祟。我的讀稿心得回函會影響許多人，當然慎重以待。年輕作家邱常婷仍在學時，曾投稿一篇千餘字小說，我回說可以刊登留用，但著實可惜浪費一個題材，常婷後來改編為中篇小說，獲得《聯合文學》中篇小說首獎。陳玠安現在是知名音樂人，四十歲上下，已擔任金曲獎評審，我當時認識他時，他是輟學高中生，前途迷茫。多年後我們於臺北聚會，他在臉書貼文道謝並且感念，我去留言說，「過了別再提哪。」沒料到我在此又提一回。賴鈺婷離開北市復興高中回臺中任教時，給我寫了一封信，鄰近九月，正值雜誌規劃來年專題與專欄，我心念一動請她撰寫「臺灣鎮鎮走」專欄，兩年後，專欄獲得金鼎獎「最佳專欄寫作獎」，而兩年的撰寫需要上山下海，當時的司機變成後來的先生。

作家陳宛萱曾經出版的荷蘭專書，就是《幼獅文藝》的專欄稿件，她筆耕不輟，二〇一九年獲得時報小說獎，旅居歐洲的她特地回來領獎。我們都記得二十世紀末，她一篇小說刊登在「YOUTH SHOW」單元，這版面專屬高中生、大學生，以更嚴謹的規格刊登並給予專評。刊登後不久，一位國文科教師來電質疑該文涉及情色，內容不雅，希望公司負責。

當天上午十一時許，我跟企劃部黃經理神色沉重，決定午餐後負荊請罪。正待出發時，可能是我們的誠意老師感受到了、或者再次閱讀，不以為情節嚴重，讓我們甭去了。虛驚一場。陳宛萱就讀政大，家在三重，我們公車上也能巧遇，自此看著她長大，畢業、遠嫁歐洲。另一位三重作家陳又津，從她就讀北一女我就認識了，知道她愛踏青，目前已是年輕作家重量級代表。其他記憶猶深的作者如李欣倫、徐國能、林達陽、林婉瑜、黃信恩、吳妮民、言淑夏、楊婕、徐禎苓、黃淑假、阿布、沈眠、周丹穎、李時雍、陳雋弘、朱宥勳三兄弟、林佳樺、盛浩偉、黃文鉅、胡靖、潘秉旻、梁雅英梁評貴姐弟等。黃文鉅就讀東吳大學時，且徵選為「文學記錄員」，協助《幼獅文藝》五十週年慶活動。

提列與作者的諸多交集，因為雜誌服務的作者群龐大，文學性出版社，一個編輯一年度可能接觸二十到三十位作者，但雜誌社編輯一個月的接觸量，已倍於此，尤其我親為第一線審稿。與作者書信往返是《幼獅文藝》傳統，瘂弦擔任主編與作者多有書信，他後來任職《聯合報》副刊依然維持好習慣，我且於一九九六年收到瘂弦老師寄自聯副的信件。並非種種接觸都是善緣，我對婉拒幾位前輩作家稿件耿耿於懷。我就任《幼獅文藝》主編極可能是當年藝文大事，因當時紙本引領風騷，臺灣文學雜誌又非常少，前輩們在我甫接任時大量來稿，但多一一婉拒。

現在回想，擔任主編是我這一生說最多「不」的時候。當我還是投稿者時，篤信「屢敗屢戰」，當我是主編了，也格外心疼屢投不中的人。我是白臉又是黑臉，且向來臉皮、耳根都軟，但為了雜誌必須武裝。當時已過而立之年，年齡上、民法上已成年無誤，但我一直覺得擔任《幼獅文藝》主編，讓我成為男人。我還記得一個插曲，雜誌某處印錯，編輯當眾嚷嚷，我即時安撫編輯，拉到一旁。錯了以後怎麼解決才是正道，嚷嚷無助於事。

身在閱稿前線，我的收件夾非常複雜。首先我把信件來源分類為作家、作者、專欄作家以及讀者。投稿的欄目再分成投稿、退稿、留用稿、已用稿、作者基本資料，另外還有專題以及公司各式的會議。作為一個主編，應對的人事物繁多，編務上是作者與稿件的彙整。我會印出留用稿件給編輯整理、登記，週期三兩天一次，免得積累過量。每一個月二十五號左右，編輯會給我一份可用稿單，分成兩個重點，一是經過審閱後的留用稿，另是專欄稿件，註明篇名、作者、頁數以及留用時間。

落版單是每月大事。誰的稿件急、誰的已經積壓半年，我必須安靜審視，才能一次到位，避免更改，增加文編、美編工作量。雜誌多年來都是一二八頁規格，裡頭有專欄、專題、創作園地等，如何取得均衡，是主編的考慮要務。主編一方面處理當月編務，並得分神，兵分多路，規劃未來的專題企劃。我曾在二十一世紀初規劃「六出天下」專題，邀請副刊主編、學者票選小說、散文與新詩類佼佼者，多年後，當年以新詩創作獲選的楊宗翰對此專題依然牢記，連「六出天下」名稱都能隨口說出。「六出天下」專題籌畫與執行刊登，至少提前半年。這是每一個編輯的時間慣性，走在當下且瞻望，各行各業多數如此。人生也是。

離職已歷多年，十七年養成的作息終究深遠。每個上班日，約莫九點一刻，我吃淨兩小包蘇打餅、一杯麥片糊，並囫圇地吞完兩份報紙。我的早餐長年如此，沒有煎蛋、三明治、漢堡與牛奶，一大早，腸胃非常素，與營養專家、新聞報導推廣的豐富早餐，完全沾不上邊。還好我這種人不多，不然早餐店、速食店恐要蕭條了。

電腦已經打開了，我進入信箱，最先打開收件夾，把當天的投稿拉到對的位置。網路速度不快時，我邊等信件入列、邊拿起擱在桌子左邊的或綠或紅公事夾。有些是會辦事項，如書展籌備期間，承辦單位知會會議時間；如主管敦囑各單位節能減碳等。

誠然，讀者、作者、編輯的三角習題是雜誌社核心關係，就像我們看待各大副刊，經常忘記聯副屬於《聯合報》、人間副刊屬於《中國時報》，他們是報社成員，背後都是資本、也都是老闆。編務是編輯主要工作，但總有行政、會議等，需要參與跟處理。編輯與出版社、或者說與「資方」關係密切，讀者、作者多數難以思維至此，比如《中國時報》、《自由時報》副刊減少刊登天數、《聯合報》改變文學獎方式，都不是主編能夠決定的，但對文學生態影響深遠。

在外頭活動，大家習慣稱我「吳主編」，離職後依然，「主編」像極了我的「封號」，不乏榮光，但極少數人知道，二〇一二年底，為籌劃二〇一四年春，《幼獅文藝》雜誌六十週年慶改版計畫，透過編銷會議，進行了數十回合折衝，關於成本提高、營收損益，支出與收入能否在一個均衡的翹翹板上，有數不清的溝通跟公文往來。二〇一三年九月，改版已箭在弦上，老總忽然在正午召開臨時會議，鄭重看待改版一節。我臉色丕變，不知道按表行進中，哪一個環節出錯，大夥各自陳述，老總訴諸表決，財管主管、編輯主管反對，我跟行銷經理贊同，最後老總果決一批，改版案根據時程推動。會後我急沖沖搭車到機場，趕上飛金門的班機。已忘了何事到金門，那一個中午的忐忑迷離，以及總經理坐正面，我與其他三人的坐次，始終清晰。

文學處境脆弱，主編能做的就是極盡可能，留存文學園地。

嚴肅問題來了，主編面對文字，結文字緣以外，尚且需要面對數字。「尚且」根本就用錯了，是「必須」。我每一個月都會收到損益表，印了多少本、賣出多少、廣告與額外收入如何、人事與印刷費用又是多少，最後得到一筆數字。如果見紅，那就不妙了，代表赤字、虧損。

雜誌銷售主要來自兩大面向，一是賣了多少雜誌、二是收了多少廣告。雜誌有時效性，跟書籍不同，書籍過期了被歸類為存貨，是資產一部分，保存長銷的可能，雜誌被棄置冷宮，當作報廢品。非常幸運的是《幼獅文藝》長年來擁有校園通路資源，銷售量堪稱持穩。廣告是我的心頭痛。《幼獅文藝》稱霸六〇、七〇年代時，文學市場上鮮少競爭對手，但當年印製雜誌即能豐衣足食，到了需要廣告量挹注時，為時已晚。

我擔任主編時，為它省吃儉用，年度預算表上列的交際費、公關費，甚少使用，因為開源不成總得節流。我在銷量跟廣告之餘，尋找贊助與活動資源，世安基金會長期贊助YOUTH SHOW，直到現在。遠東集團徐元智先生念基金會贊助《幼獅文藝》五十週年慶，我也為臺灣文學館執行多年演講活動，與文化部合辦類型文學徵文與微電影，都希望在「其他收入」這個項目，增加營收。《幼獅文藝》寫作班於二〇〇一年開辦，劃分春秋兩期、每期兩個班，也是「其他收入」的主力，到我離職為止，辦了六十個班、六十套課程，我帶兒子、同事帶女兒，週末下午一起到劍潭青年活動中心值班，成為另類親子活動，也慶幸後續主編李時雍、馬翊航、丁名慶接棒辦理，繼續服務文學人口。

業外活動，《文訊》、《聯合文學》、《印刻》等，經營得更出色，且經常負責政府標案，經手文學獎、向大師致敬等活動。紀州庵就在《文訊》社長封德屏的統籌分工下，為陳舊的老建築賦予新活力，多年經營已成為知名藝文景點。談錢財、談物資似乎俗氣了，但經歷主編職務磨練，我從來不這麼認為。文學是處理人的學問，人吃五穀雜糧，文學怎能不食？

每個月我參加「編輯會議」，報告雜誌進度，與文字以及企劃為伍，經常氣氛祥和；每一個月，我也參加「編銷會議」，討論文字與數字的親密程度或者乖離率，編輯部、行銷部兩岸對坐，渾似楚河漢界。

主編工作以文字始，與作者、讀者展開遊歷，最後發現，不能小看半途殺出的數字，文學也是現實產業，似乎讓人感到那麼一點傷心。

我一直認為這很公平，作為主編或作家，並不高出挑水泥工人或車床技工，前者是我父親、後者是我大哥，大家都為人生努力，沒有高下之別，從事文學不意味有了汲汲營生的豁免權，但作為一個主編，我很欣喜，讓我跟數字完成平衡的是，文字。

不是只有出版書

——關於編輯，和編輯的工作

陳逸華

聯經出版副總編輯

「我明天就可以交稿了，那書本能安排在下個月出版嗎？」

每次接到這樣的諮詢，總得沉下心來，試著讓提出問題的一方知悉，出版一本書所需要花費的作業時間，通常不是想像中的那樣短促。偏偏很多書寫者以為，只要交稿了，稿件也差不多可以送上印刷機了。

從交稿到正式發行，中間還得經過整稿、排版、封面設計、行銷規劃，以及多次的校對。這些基礎的步驟，是讓一份稿件轉換成一本書的必須過程。這還不包括可能延伸的相關作業，譬如圖片或引文的版權授受、書系的安排歸納、後續曝光的各種媒合等等，以及最難掌握的，關於人的部分。

大多數的作者都有一個通病：精益求精。作者永遠覺得眼前的完稿並不是最完美的程度，因此一旦開始校對，便「適當」地將完稿修改至眼下最理想的狀態。殊不知早前交出完稿時，已經是當時最理想的狀態了。於是一次校對一次改，每次校對完畢所交回編輯手上的，幾乎是另一份全新的書稿。這會連動牽扯到排版問題，如果文稿調整的幅度過多，原來的版面勢必要面臨全數重新入排的情況，那麼最初的排版就等同另一本書了，而且是永遠不會往下完成的書。其實懂得踩煞車的作者才能生成真正的創作，當局者迷，萬一修改過了頭，不僅容易陷入畫蛇添足的陷阱，也很可能破壞已然完整的內容架構。

稿件如果沒有經過編輯，那麼即使最後有了「書」的模樣，最多不過算是印刷品，而非出版物。若追求的只是有著書本外表的印刷品，要合作的對象不該是出版社，一般的影印店便可滿足需求。不管是彩色或黑白列印，膠裝、釘裝、環裝等裝訂方式，委請影印店老闆趕工一下，隔天就能夠取件了。出版事業，和影印工作有著實際的距離和區別，書寫者不一定明白兩者之間完全不同領域的專業，但只要解釋清楚，多半能中止話題。這樣的詢問算是容易解決的，更多因為不在出版領域而提出的要求，總教人感到不知所措。有提供稿件時用WORD編排而拍胸脯保證可以直接印刷；有來源不明的相片附帶於文稿中，還特別說明是高清的檔案可直接印刷；有未經同意而自行翻譯的文章，信誓旦旦地說符合信達雅的條件可直接印刷；有對銷售量產生相當信心，並祭出諸多達官顯貴的名號而要求直接印刷，但是文稿尚未完成……還有拜託提供後門以參加文學獎的、一稿多投亂槍打鳥試運氣的、來稿時先從不同角度給予下馬威的、希望介紹單身女編輯來求交往的（這差不多逼近騷擾程度）……因此身為一個編輯，在編務之外要為各種來自四面八方和出版沾上邊的疑難雜症解惑，已是工作上的一環，除了耐心回應，無從也無處推卻。

有了完整的書稿，正常的編務作業時間泰半需要三個月，這個時間不僅是為了將稿件編輯成書，還有相當重要的行銷策動。如果只是單純地將文稿編輯成冊，那僅僅成就書的問世，然而書本問世之後，要如何被讀者看見呢？於是成書前與各種通路的合作就顯得非常重要了。一本書平平穩穩地上市，卻沒有任何被看見被聽見的推動，幾乎就等於沒有出版一樣，只能悄悄地沉沒在書海裡，接著自販售平臺退回倉庫，一段時間後若仍未能展現動能，最終淪至銷毀一途，那麼前面花了那麼多編輯的工夫，不但是浪費時間，也造成不環保的非理性循環。

假如以為三個月就是一本書的編輯排程，那一年下來可編四本書，這麼想便又落入制式想像的窠臼。當A書稿交予專業校對或者作者而不在手中時，手邊關於A的作業便處於暫停與等待的狀態，此時即可開啟B書稿的編務，如此穿插交錯，一個編輯手邊同時進行的工作，很可能是A書稿第三次校對，B書稿第二次校對，C書稿初步校對和整稿。這還不包括封面、書名、文案等等相關的同步作業。所以編輯也是時間管理師，如何維持編務進度，拿捏出版節奏，都是不同程度的考驗。

編輯生涯中，有過幾本回想起來堪稱得意的作品。這種得意，倒不是指書本得獎之類的有形榮耀，而是從文稿到書冊，中間各種磨合後所呈現的成品，高度吻合編輯過程時所浮現的書本模樣。曾經手詩魔洛夫的詩選《如此歲月》，從裡到外無不費盡心思，精挑的詩作已然宣告書本內容的高度，相對應的外觀更完美搭上「歲月」之喻，那是從封面、封面裡，再到內書封及扉頁的層層符碼，若不脫下書衣，不會看到隱在其間的巧思。偏偏一般翻讀書本的習慣，不會視書衣為書本內容的一部分，很多時候，藏於外在細節中的許多密碼就被忽略了，儘管不會影響對書本內容的解讀，一旦解開書冊的整體性，在作品與書本的連結卻會有更強烈的感受。一本書所給予的，從作者角度而言，是創作的內容；若從編輯的視角來說，如何讓創作本身有最適切的載體，讓文字有著最美好完善的書本相襯，才是最終的目標。這是對書本的想像與實踐，如果可以將欲傳達的心念順利地交付到讀者手中，從結果來說便是最好的了。

當然，把絲絲線索埋在書本的各個角落並非編輯的本意，只是希望讀者在翻開書本時，能夠有最佳的閱讀體驗，這種近乎推理小說埋哏的方式，是編輯藉作品與讀者溝通的管道之一，然而與其說編輯是推理小說家，毋寧說編輯是個魔術師，當讀者一一發現書本不同地方的巧妙安排時，並且心領神悟而會心一笑，那就是編輯施展的魔法起了作用，而這種作用便足夠使編輯滿足且重新擁有再編下一本書的莫大動力。

除了讀者，作者的反饋也對編輯有直接的影響。記得剛拿到《如此歲月》的第一時間，即張羅寄發樣書給洛夫，而來自於詩魔的回音是：「這書我翻過一遍，很好，沒有錯字。」某種層面來說，這就是教編輯心花怒放的至高禮讚了。

話說從頭，之所以會進入出版這一行，都是因為愛書的緣故。愛書，不是愛讀書，每一本書都有自己的故事，那是在書本內容之外，不易被察覺的文化背景。一本書在什麼時候得以出版，由誰寫作，由誰發行，其實都蘊藏了時代的印記。有些文人同好，集資合作創立出版社，出版自己認可的好書；有些文壇團體，因應社團的向心力成立發行部，出版社團仝人的作品；有些書是作者自費自印，缺少銷售管道；有些書是公家機關買斷在內部發行，外界鮮少流通。種種不同的情形，使得每一本書的命運，有南轅北轍的差別。這些情況，正承載著出版時候的政治氛圍、文人互動、社會環境、兩岸局勢……等諸多未記錄在書中的景況，挖掘這些隱藏版史料令我著迷，那是臺灣出版演變的歷程，更彌補了臺灣出版史中未被整理的斷片。後來著迷進化成為痴迷，也因而開始收藏愈來愈多的書本，和書本背後的故事。

為了釐清這些故事，參加各種藝文活動遂成為生活中不可或缺的精神積累，一來可以面對故事的當事人，再者也能串連起原本預期範圍之外的更多線索。而有了故事以後，自然就想要分享出來，一旦透過網路傳播，往往引起善的漣漪，不僅會收到各方對故事的脈絡添補，也有愛書同好轉贈相關的書本，如此故事便更加詳盡，未被記載的出版過往也益發清晰。這個興趣，或說是樂趣，對我能夠進入出版界有大大的助力，當九歌出版社釋出文學編輯的職缺時，我以一個沒有經驗的新手身分，順利踏入出版江湖，觸碰到前所未見的新世界。

九歌出版社是臺灣的文學出版社代表之一，四十多年來在文學出版品的貢獻上不可小覷，絕對是臺灣出版史上無法忽略的重要文學推手。在九歌，可以習得相當扎實的各項編務基礎，這些編輯實務經驗，是成為一個稱職編輯的最佳訓練。尤其所面對的作者，有許多已和九歌建立起長年互信互助的情感，對於出版情事的起伏有著不同於產業眼光的觀察切入點。換句話說，在出版社裡學到的功夫，是奠定自身編輯能力的根柢；和作者反覆溝通的互動，則是讓編輯能力更為完熟的補充。這種額外的補充還不是每一個出版社都有機緣擁有，憑的是出版社的屬性和經營年月，以及合作的作者人數多寡。老出版社總會有許多老作者，老作者倒也不見得就是年齡上的老，而是文壇資歷上的老，這樣的作者同樣會有一身故事，對我來說，從書本延展到作者，圈在一起便是完整的故事輪廓了。

面對作家們，特別是文學創作的前輩作家，在書本編務上的公事往來之餘，也會參雜非公事的噓寒問暖，於是作者們對於出版社的感情，往往擴展到對於編輯的信任。這樣的信任，幾等同將屬於文壇的歷史資產全盤託付了，假如編輯和作者投緣，能為作者留下的，必定遠超過作品的成書及出版。一旦意識到這個層面，編輯所面對的，或者說出版業所賦予編輯的，其實有著很關鍵的文化傳承責任。只是編輯是否對這樣的責任有所認知並加以擔負，就看編輯進入出版領域的心態，是對於成就一本書有著想望，還是為了混口飯吃而將工作完成。

編輯絕對是一門專業技藝。離開九歌後，經過短暫一年任職於舊書店的日子，便重回出版圈，轉到聯經出版公司服務。聯經是綜合型的出版公司，出版的書種路線多樣，所要顧及的面向更廣。人文、思想、商管、科普、生活、童書、語言……不同的書本類型有著不同的編輯方式，即使是文學書，小說、新詩、散文、文選合集……也都有迥異的考慮角度。如何讓內容有最佳的呈現，不僅要從作品來出發，還要斟酌讀者的閱讀習性。同樣的內容，十年前與十年後的編輯方式就會不一樣，因為接觸的讀者有了世代差異，適讀性的方向也該順勢調整。一本書的誕生，主要面向的讀者群在哪裡，書本會在課堂上使用，還是通勤時翻閱，抑或閒暇時消遣，諸多設想都是編務過程中逐步思索成形的。我們不太會攜帶厚重的書，在幾十分鐘的通勤時間裡閱讀，也不會以輕鬆無謂的態度去翻開嚴肅的經典，書的形式是要讓作品內容在最恰當的時刻，以最合宜的模樣，展示在讀者眼前。應當輕的分寸不能重的塑造，理該溫的作品也不能冷的製作，否則再好的內容，沒有機會讓讀者翻讀的話，也等於是不存在。

關於作品內容和書本的模樣，高低緩急的思量，天天天天都在腦海中搬演。閱讀文稿，掌握作品核心，進而發想版型、封面等書本基調，早已是生活裡再自然不過的日常了。若刻意想成是文化責任太過沉重，但也不能得過且過，將正式出版的書本和影印店的印刷品視為同一層面。書本編輯完成，只要在上市前都還有轉圜空間，哪怕是已經印妥，印刷廠交書入庫，甚至已經鋪貨到各通路進行盤點作業，若此時才發現不可逆的問題，最大的損失在於收回重印，書本還未到讀者手中，一切都還在金錢成本的損失上。萬一有狀況的書本如期發出，要面對的壓力就沒有那麼簡單了，編輯專業的質疑、精神成本的磨耗、品牌信任的降低，在在都遠超過上市前的停損點。每一本書初上市時，甚或是在發行之前，都有對應配合的宣傳方式，那是書本的第一個黃金期，畢竟是首度和讀者碰面，能夠相互拉抬的資源最豐富。然若是在印刷前乃至於上市前，以配合宣傳為前提而不延後出版，進一步把有問題的書交給讀者，不但是對編輯專業的失職，也是極度悖離責任的表現。

編輯不能保證書本絕對不會有誤，但應該要做到盡可能沒有瑕疵，讓經過自己操作而誕生的書冊，擁有屬於作品獨一無二的樣貌。

只是，讀者很難知道一本書的完成，經歷過多少拉鋸與妥協，才終於是眼前看到的樣子。編輯的各種琢磨以及折磨，在書本出版之後，往往只剩下編輯自己一個人知道。也正因為每一本出自編輯之手的書本，都乘載著編輯付與讀者的單向成果，得以回應的便是讀者的每一句涼暖好惡，然後再將這些反饋消化儲存，為未來每分每秒的編務植入滋養茁壯的能量。

從愛書而編書，從挖掘故事而創造故事，我與書本的因緣也隨著時間而愈深愈遠。編輯是條處在修羅場的不歸路，不斷地重覆輪轉以至將出版物用最適宜的形式生產出來，唯一可茲佐證和書本有所連結的，恐怕只有版權頁上那小小的名字，說來有點孤獨。這個修羅場雖然有一定的考驗，卻也如同所有的專業，日積月累的經驗終可通往高人之境，這樣的高人回報無他，因為所有流芳傳世的讀物背後都有一個優秀的編輯，假若沒有編輯，讀物終究只會是難以流通的文稿罷了。

身為一名守門員

——訪《自由時報》副刊主編孫梓評

董柏廷

文字工作者，曾任《自由時報》副刊、《文訊雜誌》編輯

時間是下午五點。辨公桌上擺著二校稿、每塊約莫五千字的版面，必須趕在六點前給主管看過，和美術編輯確認最後的修改，接著降版——讓版面的電子檔集檔後送往印刷廠。然後美編進行文字回存，編輯則將美編回存的內容，又一一預先張貼至臉書專頁，精神綳緊，凝神專注，是編輯檯的日常。

若再將時間往前拉，每一塊終於完成的版面，若屬專題版，可能早在兩週、甚至數個月前，便開始企劃、聯繫作者，邀稿、收稿、整潤稿件、發插畫、組版……每一個上班的日子，剛完成手上工作，又得開啟新一輪編輯庶務。彷彿小王子在B六一二星球剷除巴歐巴樹根，周而復始，環環細節銜扣，倘若有突發事件，便得將原本安置好的版面打散，重新組織，在短時間內濃縮

原本較具彈性的工作狀況，變動亦是常態，這大抵是《自由時報》副刊主編孫梓評的工作模樣。一晃眼，十七年過去了。

舉辦文學獎，副刊版面縮減

二〇〇四年八月，人在花蓮的孫梓評，接到前《自由副刊》主編、小說家蔡素芬的邀請，加入副刊編輯隊伍。他回憶，「二〇〇〇年我退伍後幫《文訊》雜誌寫過一年作家採訪，素芬姊讀到那些專訪因此找上我。她認為，若能採訪作家，至少具備三種能力——讀懂作品、與人交談、理解他人說話並整理成文字，這三種基本功也是副刊編輯需具備的。」除此之外，「素芬姊還問我夠不夠細心、耐煩？這兩項特質，應該也是副刊編輯所需。魔鬼永遠躲在細節裡。」

孫梓評剛加入《自由副刊》時，一週有七天全頁版面，六天是文學副刊，一天是「國際文壇」專版。人員編制上採兩位編輯，搭配一名記者，當時同在副刊的，是目前任職遠流出版社的主編蔡昀臻，記者則是現任大塊文化副總編輯的林怡君。此人員編制與七天版面，進行至二〇〇五年年末，《自由時報》

另立週末生活版，資源一分為二，副刊改為四天見報，但每天有兩塊版面，等於每週有八塊副刊。工作方向亦調整，副刊需兼編北中南分區的藝文新聞版，當時合作的編輯為黃麗群與鍾佳欣，由羅珊珊負責「國際文壇」，到二〇〇六年年末，減為每週四塊版。其後人員又有異動，便刪減了「國際文壇」版面，副刊編制剩下兩個人，其中一個須兼編其他版面。到二〇二一年三月，《自由副刊》再度縮減，一週僅剩三塊版面。

「現任自由時報影藝中心主任的蔡素芬小姐，一直是《自由副刊》最重要的角色，或說是靈魂。版面上專題發想執行拍板定案，每日版面版型的大方向確認，無法判定是否該留用的稿件，都倚賴素芬姊的經驗與指導。」孫梓評說，「另外一樣非常珍貴的成果，則是由素芬姊一手打造的林榮三文學獎。在其他單篇文學獎因各種原因式微，二〇〇五年設立的林榮三文學獎，以高額獎金，細膩縝密的評審安排，和只限臺灣國籍的投稿前提，使此獎成為臺灣年輕寫作者必爭之地。這些年來，也確實從中發掘了非常優秀的新秀。」

篩選作品二三事

副刊向來由編輯部篩選作品刊登，但僅靠來稿，較顯被動，為了讓版面富於變化，也會設置各種專題。孫梓評說，「文學副刊最主要的功能當然就是讓好的文學作品有機會跟讀者見面。紙本副刊的風格來自：作者的文字，編輯的意志，美編的美術構成。編輯讀過作者的作品，思考可以配合的插畫家，或是攝影作品，成為視覺。一塊尋常版面由頭題、邊欄與詩組成，但編輯也可以打破慣性，讓詩當頭題、多篇碎稿組版、或讓訪問稿占有比較大的篇幅，使讀者感覺到版型變化。」

自由副刊審稿會經過兩道關卡，「先由一位編輯初審，依照作品是否具備文學性與合乎寫作技巧等原則，揀擇符合副刊調性的稿件，再由我二審。」身為副刊主編，版面有限，篩選作品標準不脫「文學性」，文學編輯或各有主張，孫梓評編版時則試圖顧及周全，「編輯不免有自己的口味，比如偏愛草莓，端上來的菜色能品嘗到草莓，這自然合理，但若只吃得到草莓，就相對偏食。編副刊如上菜，而報紙畢竟是面向大眾的單位，版面上的作者群，最好盡可能包含所有光譜：資深寫作者、中生代寫作者、年輕作者，有名家當然很棒，名不見經傳的素人能躍上舞臺更值得開心。在審閱作品時，標準也略有不同，假設是一個知名作者，不可否認，確實較占優勢，因其寫作成績不只是從單篇判定；另方面，編者也必須保護作者，因為每個人的寫作狀態是會起伏的，不可能保持一定，如果真有失手或狀況不夠好，沒有採用那篇稿子或許是為了他好。至於陌生來稿，只要覺得該篇作品夠好，當然就會留用。」

來稿各式各樣，怎樣才算「好」？孫梓評坦承，確實很幽微，那必得是編輯們融會多年的讀稿經驗，將眼前的作品與腦中資料庫中一一比對，才能判斷作品是否在水準之上。有些稿子，檔案打開又關上，反覆三次，仍無法下決定，「選稿反映挑選者的文學想像。最基本的標準有兩個：一是文字，好作品的文字絕對是特別的，並非指雕琢或過度用力的寫作，而是寫作者經營文字形成風格，且這份魅力不會只有一種表情：精緻有精緻的美，散漫白話也能製造出有別於做工精細的另一種樣子。二是題材特殊性，大部分來稿最容易寫及的主題就是生老病死，情感失敗或日常瑣事。若是一位高明的寫作者，也能把平凡題目寫得閃閃動人，譬如陳淑瑤，其文字哪怕只是寫一碗湯，都像是精品。

若是缺乏足夠的寫作經驗者，除了極少數才華洋溢之人，往往只是被巨大的主題攫獲，譬如親人過世或失戀，面對生命中的極端經驗，產生寫作衝動，但若沒有夠好的技術，會顯得叨絮瑣碎，結構失能，無法使個人經驗成為他人也能觸動的共感。如何將老主題寫出新意，常常是寫作者須思考的部分。譬如劉梓潔〈父後七日〉之所以得獎，是她用沒有人寫過的方式處理哀悼，讓人眼睛一亮。」又比如，當讀到久未發表新作的張亦絢，將《愛的不久時》書稿寄來，「那種獨自待在深夜辦公室，比其他人搶先讀到一本絕妙小說的興奮感，絕對是編輯生涯中無法忘懷的幸福時刻。」

透過專題與時局互動

此外，孫梓評也希望副刊刊登的作品，能與時事互動，激發讀者共鳴，因此偶爾嵌合社會脈動發想專題，「除了報紙的新聞屬性，人畢竟很難與當下的『集體狀態』脫鉤，若刊登作品能與社會正在經歷的事情有關聯，對讀者而言會更有即時感。因此，若情況允許，希望副刊也能做到回應時事的要求，譬如太陽花運動時，我們用兩天的整版，邀請學者或曾親歷現場的作者，寫下紀錄與反思，或透過文字抗議國家機器以暴力鎮壓抗爭運動。」又比方，「二〇二〇年疫情初期，雖然還未規定出門須戴口罩，但當時氛圍已讓大家頗有警惕，因此過完農曆年，我們很快策畫『傳染』專題，邀請作家以短篇幅分享印象中跟傳染相關的經典文本。」

然而，即時性與文學卻自成一種悖論。文學需要經過時間積澱與發酵，才能成為作品，但每日發行的報紙卻更重視時效，這形成某種兩難，「畢竟副刊並非新聞版，一篇稿子的處理時間相對長了許多（比如需要等待插圖），加上版面縮減，無法很好、很經常地對時事即時反應。但如果遇上重要事件，還是會盡量做出回應，並將原本組好的版打散、重新安排，比如鍾肇政或楊牧過世時，副刊仍希望透過長一點的篇幅，提醒讀者兩位文學前輩為我們留下了怎樣的文學遺產。」

不知情者，或許認為副刊每日版面上的稿件組合是無機的，「我會希望整個版的調性能產生呼應。譬如將同世代年輕寫作者放在同一個版面，就可以了解一個世代創作者彼此的寫作狀況；或者，當有許多篇稿子不約而同寫了同一個主題，比如有人寫芋頭、有人寫麵包、有人寫米粉，擺在同一個版面就會很像一桌菜。有時則是編輯將相近的寫作主題擺放一起，則會產生單個版面的音樂，這只有閱讀紙本才能讀到，如果刊在網路或臉書，只能讀到單篇文章，任何在組合版面時所用的心思，都被解散了。」那些在紙上與讀者的無盡嬉戲，隨著網路興起，紙本地位衰退，數位浪潮帶起新相，也逐一淹沒許多昔時景色。

網路時代，副刊自處之道

文學版面被緊密關注的過往，隨網路時代興起，日益降低。創作者與文學編輯在當代所感受到的茫然與焦慮更勝於昨日，孫梓評亦不免唏嘘，但不過度悲觀，「現況與過去不同，副刊曾享有的黃金年代，有賴於臺灣戒嚴的特殊情勢。它是當時報紙媒體中少數具備軟性資訊的載體，也因為報紙的大量印刷，成為非常有效的傳播文學與資訊的形式。時移事往，電視臺或傳統紙媒的『威權』，在網路發達後，讀者得到更多元的選擇後，失去過往壟斷資訊的強勢，於是，文學副刊的式微似乎是必然的。」他說，這幾年來，感到難過的一件事，並非是版面減少，而是，「與我自己高中、大學時期的成長階段相較，總覺得那時整個社會可以給出更多養分——九〇年代，仍有諸多副刊，文學雜誌，電影雜誌，或是文化運動刊物《島嶼邊緣》。當時娛樂版面可以刊登深度樂評或專題企劃。雖然沒有網路提供的便利性，但只要你願意，你會有辦法找到深入世界的小徑。如今的環境也是眾聲喧譁，卻與當時『百花齊放』的狀況頗不相類，現代人該怎麼得到養分呢？或許，只要有心，語言能力夠好，不需要強勢媒體，也能建立起個人的閱讀系譜和美學養成。但如果就認為麥當勞是世界上最好吃的食物，會滿可怕的。」

媒體的日益墮落與淺碟化，引起的效應讓孫梓評興發感慨，「許多媒體已經弱化成一種淺薄、快速，只注重點閱率的平臺。許多沒營養的新聞會主動送到你面前，當然也有一些新媒體，用很大的力氣做出珍貴的報導，但是面對大量泡沫般的所謂『新聞』，有些重要的東西，得花力氣挖渠道才會發現。同時，也沒有一個健全的環境回應正在發生的創作。無論舞評、劇評、書評、樂評，影評，雖不能說是全然缺乏，但我想對於剛接觸完一個文本的讀者來說，這些評論的質量應該仍是不夠的。當對文本的討論缺乏，或是只剩下好惡感受，就無法給予創作者更好的回饋，也無法形塑讀者的共鳴。」

孫梓評也看見另一個層面，「有趣的事情是，傳統媒體退位，自媒體崛起，明星寶變為石，素人能呼風喚雨。許多明星作者，透過臉書公布消息、與讀者互動。但當文學副刊失去優勢，卻似乎沒有寫作素人單靠自媒體建立起新的優勢？」文學讀者的關注對象還在重整，「自由副刊在臉書上，完全沒辦法跟只靠一己之力打造的『晚安詩』相較；但副刊即便凋零，也還保有一點點功能性——畢竟是經過編輯篩選後呈現，在資訊量龐大的現代，省下讀者在網海撈針的時間。」信譽的建立需要長時間培養，身為副刊編輯，他仍期盼副刊可以是作者和讀者間的特殊管道，「我們經手的這些作品，有時會像一個中繼站，有些作者會因為陸續發表、最終結集出書。可能也有些人，作品發表對他來說只是非常微小的鼓勵，但比起貼在自己臉書上，還是略有不同。因此，相較於以往，副刊功能也許不夠多或不夠強，但盡可能維持副刊的信用是非常重要的。」

文字編輯是服務業

副刊編輯做為一種職業，市場上已然稀缺。但若有志從事文學編輯，依然可以將副刊編輯所需具有的特質，做為參考。想成為文學編輯，平日的閱讀都是累積與養成，孫梓評說明：「不一定要有創作的能力，但要有閱讀作品的能力。首先必須明白，此刻到你眼前的這一篇作品，處於哪個位階。就算人有主觀喜好，但若無法對作品下判斷，便無法勝任審稿工作。其次，盡量不要窄化閱讀胃口。人讀到有共鳴的文字總是最感愉快，可是身為一名副刊編輯，維持生物多樣性是很重要的。如果可以，請盡量破壞自己的閱讀習性。第三，培養史觀。知道你所在的地方，或整個世界何時發生何事，可以知道眼前的事件不是突然發生，而是世界有了怎樣的變化所造成的結果，文學也是如此。八〇年代看待好作品的條件以及眼光，跟現在看待好作品的標準應該是有了一些移動，但編輯熟知各年代的作品時，就會知道哪些形式沒有人寫過、哪些主題沒有人處理過，或者怎樣的作品是新的聲腔，這並非喜新厭舊，而是創作若沒有『新』的成分，就僅是重彈老調。建立史觀，就能將眼前作品與已知對應，建立出自己的價值觀。」

孫梓評看待編輯工作的重點在於「服務」，「副刊編輯就是要能提供服務：不要錯失好作品；盡力讓作品無誤呈現在讀者眼前；找到適當的插圖與文字對話。有意思的是，這些服務的本身，也是一種創造。透過編輯讓原本略顯蕪雜的作品，滑順地抵達讀者眼前，或是讓好的作品不會因為自己的編輯而失色。有些時候，為了符合報紙版面的規格，也得嘗試把長篇剪裁、濃縮成比較短的篇幅，如何把握長篇的氣氛，不失作者原意與可讀性，這些都是編輯力的展現。」

身為一名文學守門員，孫梓評有他的焦慮也有他的期待，優秀的守門員須帶著威嚴和自信，那很難，但願信念不被磨滅。那或也是曖曖內含光的職人精神，十七年僅是一瞬，「要學習的還很多。」面對紛紛變化，此刻只能暫時守著，等待下一記未知的射門。

文學網站編輯術：
《臺灣詩學吹鼓吹詩論壇》的主編回憶

蘇紹連

《臺灣詩學吹鼓吹詩論壇》首任主編

一、文學網站主編與文學刊物主編的比較

擔任文學論壇網站主編，和擔任文學紙本刊物主編，兩者在目標上、工作內容上或處理方式上，是有著一些的區別。簡單歸納為兩個字，一是論壇網站編輯是求「廣」（量）為主，一是紙本刊物編輯是求「精」（質）為主，因而，演變出各自不同的文學影響效能。

文學論壇網站為廣納各界上網投稿，故對發表不設門檻，沒有限制，任何地方任何人任何時間，只要上得網來，都可在論壇網站自由貼文發表作品。這樣的好處太多，約略歸納為五點：（一）、發表不設限，容易滿足了作者的發表慾。（二）、即時性，貼文後立即呈現在論壇版面供人閱覽。（三）、若

不滿意原貼文，可以後續修正。（四）、可以獲知點閱率以及讀者留言內容。（五）、可以在留言和讀者互動討論。

文學紙本刊物的編輯，雖然現在有網路電子信箱收稿的方便，但整體編務仍較屬於傳統模式，投稿者的感受仍是處在一種未知或等待的心情下，無法如同在文學論壇投稿享受到的快感。對文學紙本刊物的優點，大家最推崇的是它提升了文學創作的水準，因為刊出的作品是經過編輯者從投稿中篩選出來，也就是經過一種審核的關卡才允許發表的，所以沒有水準之下的作品。另外，紙本刊物編輯可以指名向作家邀稿，不必從不知名的投稿中挑選作品，這可是編輯的安全防護，不必擔心挑到了偽作或抄襲的可疑作品。另外，文學紙本刊物的編輯優勢在於其呈現的方式是排版、印刷、成書，是的，是成為一本實體書籍，具有典藏的功能。還有，文學刊物可以申請政府文化單位的各項補助款，或代辦文創競賽及推廣活動，而文學刊物又可以上架販售，創造利潤，發給作者稿費，收益有無限可能。

兩相比較，文學紙本刊物的存在似乎才是王道，但於現今網路時代，文學發表及呈現方式是講求多元性的，受眾分佈及層級不見得相同，實際上，大眾的文學創作發表也大多是習慣於在文學論壇、社團、部落、臉書、網站等等，我們無法不重視這一大片網路園地的各種平臺，而只是膜拜處於高端的文學刊物紙本。

就編輯事務組織來看，兩者都需要有一隻能力超強的領頭羊擔任主編，主編的文學修養和眼界，決定了一個編輯組織呈現面目的風格和走向。主編會或不會把事務做好，做得精彩，其成敗都是該由主編負全責。不過，各有一個命門需要掌握，網路文學論壇主編需知道如何建構網站和如何運作網站，而紙本刊物主編需知道如何文圖排版和封面裝幀設計，兩者都是在形式上的操作，再於內容上見真章分高下。

二、擔任文學網站主編應有的條件

1、先有實際在網路社群活動的經驗

網路時代來臨，媒體形式進入電子化，創作表現處在虛擬時空，任何一項藝文活動逃避不了這樣的趨勢。一九九五年前後，各大專院校紛紛藉由教育

網路（TANet）架設起ＢＢＳ站，我也大約隔年起，因教學需要而摸索網路，先學習使用設置於各大學和各教育局的電子佈告欄ＢＢＳ，當時許多不同單位的ＢＢＳ之間就有相連，相同性質的版其文章就可相互流通，例如我當年擔任臺中教局ＢＢＳ詩版管理，就可連結臺大某系所和清大某系所ＢＢＳ的詩版，將其發表的詩文導引到臺中教局ＢＢＳ詩版。到了二〇〇〇年後，我見識到比ＢＢＳ更好用，架構更明確版面更美觀的phpBB社群網站，深受這種適合ＷＷＷ的形式論壇所吸引，故而決定自己來建構一個phpBB的詩社群網站，即《吹鼓吹詩論壇》。

2、要熟悉各種網站、論壇的架構

所謂架構，是指呈現在網路上的社群網站模式。它是怎麼架起來的？基本上它用電腦程式語言寫成，或用phpBB的套裝軟體，我們都可輕易取得而架構一個論壇。它有一個登入口，好像大門，一般有管制的，要先註冊為會員，沒管制的，則自由進入。進入以後，可以再點入各個不同類型的主題社區，讀著各版塊裡的各篇文章。這情形，架構在紙本上來說，就像一本書或詩刊，書的開本大小，書的封面設計、書的內頁排版，還有紙質等等，裝訂後而有一本書的形式。再更具體的比喻，社群網站的架構好像一家大型商店，甚至像百貨公司，掛有大型店招，書寫網站店名，店內設有許多分類展示空間，放置相關作品，供進來的人觀賞、討論，並開放會員提供作品參與展示。架構是一種空間觀念，有主附，有大小，有前後，有層次，有動線，以便於分類管理。論壇和網站，有管理員控制臺（ACP）和版主控制臺（MCP），方便於管理員或版主在後臺的設定，做架設改變及版務處理。

3、要有網路社群管理的認知

在BBS電子佈告欄和phpBB網路論壇這兩大類型的社群，大都有相同的管理模式，基本上，它是一種網路人群的集結，成為網路人群展現、交往、發言、論述的活動場所，那也就是需要有人的管理，訂定規則，不然人群像一盤散沙，無法凝結成為一個有制度的社區或社團。管理，面對的是網路使用者，要讓他們參與網路社群，必須讓他們先註冊為「會員」，有了會員的身份，進而有了使用論壇裡的種種功能，否則只能成為一般的「訪客」，沒有享用論壇功能的權利。一個網路論壇社群的管理員，往往被稱為這個網站的「站長」，身份就像一本刊物的總編輯，權力最大，責任也最重，論壇社群網站的成敗，幾乎端看站長是誰。在站長之下，則設有許多職位由會員擔任，來分攤網站的管理事務，這些職位名稱有「總版主」、「區版主」、「版主」等，是有層級之意，分層管理版務。網路論壇有了這些人事組織，在運作上初步已算完成，然後就可推動及發展設立文學論壇社群網站的目的。

4、要對文學類型有正確的認知

擔任一個文學網站的站長、主編，在規劃網站的形式及運作之前，得先要求自身是否對文學已有正確的認知。一個對文學認知不足或有偏差的網站主編，絕對不會做出文學網站正確的形象，這是非常危險的事。當一般網路文學的入門者，正懵懵懂懂之際，若給了錯誤的指引，積非成是，要再改正是極困難的事。所以文學網站主編必得由文學專業或創作經驗豐富且有成就的人擔任，這是比較能將文學網站帶引到正規的第一件要事。其次，一個文學網站要將網站上發表的版面分門別類，除了讓會員們容易找到他所需要的版區外，也便於版主管理繁複的版務。文學類型分類有一定的準則，例如創作的文類，可設〈小說版〉、〈散文版〉、〈詩詞版〉、〈劇本版〉等，論述的文類可設〈賞析版〉、〈理論版〉、〈史料版〉等，這是初步分類，然後可以再分為細類，如〈詩詞版〉可細分為〈古詩版〉、〈現代詩版〉、〈童詩版〉等，再更詳細一點，如〈現代詩版〉可分為〈分行詩版〉、〈散文詩版〉、〈圖象詩版〉等。如果不從「文類」分版區，也可從「主題」分版區，例如〈政治詩版〉、〈社會詩版〉、〈地誌詩版〉、〈旅遊詩版〉、〈史詩版〉、〈原住民詩版〉、〈人物詩版〉等等。這些分門別類的版區，都有文學研究專家的共識，將之運用於文學網站上，是正確的作法。

5、要有一個值得闡揚的文學理念

主編的文學理念，即是一個文學網站要走的方向，樹立一個將網路閱眾帶往何處去的指標。理念要化為行動，一步一步去實現，而文學網站是理念和行動結合的平臺。主編站在這個平臺上舉著旗幟，無非要開啟帶領的作用。那麼，網站主編該有什麼樣的文學理念呢？文學理念因人而異，有的主張文學應為人民服務，有的主張文學是個人心志的抒發，有的主張文學要不斷的創新，有的主張多往跨文類發展，有的主張多加重視女性及弱勢的議題……，論壇主編的文學理念往往會影響一個文學網站的走向，這是無庸置疑的。沒有文學理念的網站主編，會像一艘茫無頭緒、不知開往何處的大船，在海上漂泊。就我觀察，如果文學網站較重視主題的多元化和表現跨媒體，就可以吸引大眾普遍的關注和長期的追蹤，所以為了實現文學理念，影音和圖像配合文字的混搭化是不可避免的模式。但是最關鍵的還是主編的文學理念是否受人認同？文學行動是否為大家支持和參與？

6、要有參與網站編輯及推動的人選

一個網站主編若是孤軍奮鬥者，在多元及需要專業的時代，似乎會走得非常辛苦，不易立即成功。許多例子可以見到，想成為英雄者，得靠著多少人的肩膀，才可以挺上高峰。從文學網站的架構上來看，需要組織許多人員坐在必要的位置上，擔負每個工作的執行和責任。所以主編一上任，就要握有口袋名單，成為你的心腹，也就是可靠的班底。就一個文學網站的組織上，設站長主編一人，設總版主一人，設區版主四人，在其底下依實際版數設版主若干人，合起來十五人以上。這樣的人數不算少，可能一開始沒有那麼多的人選可擔任，所以站長在架構網站後，得採取開放會員註冊，認識會員的實力後，再從中挑選徵詢意願來擔任網站版主的職務。適宜的人選，最先需要的是具有熱忱之心，願付出時間及精神來管理及推動版務，且能和投稿的會員有良好的互動，為投稿於版上的作品及時做到回應。由於不同版區的文學類型不同，需要不同的專才擔任版主，小說類由小說家擔任版主，散文類由散文作家擔任版主，詩類由詩人擔任版主，這才可稱為適才適任。如此，文學網站在經營上，不會有不對勁的地方，或是遭人懷疑版主的專業能力。

7、要有網站經費籌募的計畫

有些文學網站並非建置於提供免費的網路公司伺服器，而是得向網路公司按期訂購租用，有的一年繳租金，有的二年繳或三年繳不等，這看怎麼簽訂租約，由於文學網站經營是長期性的，否則見不到效果，往往一租再租，累積費用不少，這是網站經營背後的經濟負擔。所以文學網站的站長除非背後有金援，而無經濟壓力，否則得有設法籌措經費的計畫，人員長期無薪擔任網站版主，實在辛苦，已是無償付出，總也不能要版主們來分攤網站費用。故一個文學網站不妨能實施收費制度，將某些版面設置為付費版面，如果是不用付費的一般會員，則看不到需付費的版面和圖文。但因文學網站是小眾愛好者使用，無法普及成一般消費園地，故收費反而更阻止了文學愛好者，收到的是反效果。最後也只能公開或私下徵求捐助，個人捐助往往基於和站長的交情，團體捐助包含政府單位或是藝文單位等等，但得有了網站口碑再來申請補助。總之，有了經費就好辦事，對提升網站水準、邀請名家投稿或舉辦活動都大有助益。

三、經營《臺灣詩學吹鼓吹詩論壇》網站的始末

1、因應當年網路化趨勢，所以建立一個詩論壇網站

我在一九九五年起至二〇〇〇年面對網路時代的來臨，開始少用紙筆，學習電腦打字寫稿，習慣輸入和連結，不用電話或上郵局寄信聯繫，改為網路傳遞無紙訊息，這等等電腦時代的生活形態慢慢成型，任誰都避免不了要跟上，

否則就成了網路時代的棄兒。

我寫詩，要發表，原先只在自己詩社的詩刊，或投稿到其他詩刊、報紙副刊和文學雜誌等這樣的紙本園地，但有了電子佈告欄ＢＢＳ也可以成為詩作發表園地後，我興致勃勃，挪出了許多時間在ＢＢＳ園地裡發表作品，因為它沒有限制發表，故而幾乎每隔幾天就發表一篇作品，且又沒有限制不能發表過往已在紙媒發表過的作品，使得我可以源源不絕把作品挪到ＢＢＳ發表。

發表，就作者的慾求上，是想要作品有露面的機會和舞臺。機會是不時有，舞臺是不時上，這樣的情形只有網路有、ＢＢＳ有，大大的滿足了作者的發表慾。而在電子佈告欄ＢＢＳ這樣的場域裡，需要我用英文註冊一個帳號，並可用中文設定一個暱稱，類似匿名或筆名，我隨即用sulien註冊，設米羅・卡索為暱稱，在ＢＢＳ上發表作品、留言，與閱讀者或其他作者對話互動，甚至發生筆戰。網路的匿名和酸民現象，以及後來的網軍大隊大概在網路初起已出現徵兆，無法避免及抗拒。

二〇〇二年，臺灣詩學季刊社從詩刊轉為學刊，只刊登詩學論文而不刊登詩作，那麼詩作沒有紙本園地後，將何去何從？詩社同仁似乎有了共識，就是在網路籌設發表園地，讓詩作一律在網路發表。所以我找到hinet的討論版，將之設定為〈臺灣詩學詩作投稿版〉，接受網路詩人或新手投稿，並把選出的優秀詩作暫時刊於鄭慧如主編的學刊附頁。但因這個投稿版屬於hinet制式版面，沒有擴建性，所以我開始尋找一種真正可以建構各種版面的論壇模式，那即是phpBB社群網站。

二〇〇三年六月十一日，「臺灣詩學季刊社」租用伺服器建置論壇網站，申請網址登錄上網，並取名為《吹鼓吹詩論壇》http://www.taiwanpoetry.com/phpbb3/index.php，從此，詩壇迎接了一個網路詩社群時代的來臨，這麼一個大型而且專業的詩論壇終於在臺灣誕生。《吹鼓吹詩論壇》定位為新世代新勢力的網路詩社群，並以「詩腸鼓吹，吹響詩號，鼓動詩潮」十二字為論壇主旨。《吹鼓吹詩論壇》總共開設六十個版面，版主曾約六十多位，會員總數曾達六千多人，這是詩壇前所未有的在網路的大陣仗，凡詩壇老中青少各世代，都有出現過在論壇上的足跡，以及張起自己的旗幟，發表作品或參與論評，呈現網路詩社群最繁榮的現象。

2、建立詩學論壇之後的經營及設版大觀

怎麼建構《吹鼓吹詩論壇》這一座文學網站大城的形貌呢？基本原則這是純詩的論壇，不會變成什麼都包括、或是設成「詩」、「散文」、「小說」三個版的綜合網站，我僅僅以詩為主，力求成為專業性的詩學論壇。以詩為主，該怎麼設版呢？這就要靠我對詩學分類的認知，我將之分為「詩創作區」和「詩學論述區」兩大類，然後將詩創作區的發表分為「類型區」和「主題區」，並以類型區為主要規範，詩創作類型分為〈分行詩〉、〈散文詩〉、〈圖象詩〉三大類，然後佐以〈俳句、小詩〉、〈組詩、長詩〉、〈隱題詩〉、〈臺語詩〉等類型詩類，另外再加上〈數位詩〉、〈影像詩〉、〈朗誦詩〉等跨界類型的詩作版面。接著將詩學論述區分為〈現代詩史〉、〈詩學理論〉、〈詩觀詩話〉、〈現象觀察〉、〈詩作賞析〉、〈詩集導讀〉、〈創作經驗〉、〈新詩教學〉八個不同版面，接受不同類別的論述文章。

有了以上基本版面，其實一座詩學論壇大城的規模已成型，吸引了許許多多國內外的詩人來朝聖。然而，這個論壇網站是可以不斷擴充增建版面的，只

要新的構思成熟就會推出版面供會員使用，例如後來陸續設立的「主題區」詩版有〈無意象詩〉、〈小說詩〉、〈童詩〉、〈新聞詩〉、〈政治詩〉、〈社會詩〉、〈地誌詩〉、〈旅遊詩〉、〈史詩〉、〈原住民詩〉、〈預言詩〉、〈人物詩〉、〈女性詩歌〉、〈男子漢詩歌〉、〈同志詩〉、〈性詩〉、〈情詩〉、〈贈答詩〉、〈詠物詩〉、〈親情詩〉、〈勵志詩〉等等，這些版有許多是為了詩刊徵稿而設，由編輯小組在版區內選稿，提供給詩刊。

後來，更增設了「個人區」和「社團區」，供會員申請使用，例如：冰夕、林德俊、鯨向海、楊佳嫻、銀色快手、阿鈍、liawst阿廖、佚凡、kama羅浩原、古塵等個人的詩創作發表版；詩社團體則有〈好燙詩社〉、〈退・詩社〉〈關於詩社〉、〈窺詩社〉、〈籠鳥詩社〉、〈沿岸詩社〉、〈我們隱匿的馬戲班〉、〈東方詩學〉、〈長廊詩社〉等申請了設版。

另外，我特別重視青少年學生的發表園地，特地在二〇〇六年開設了兩個版，其一是〈大學詩園〉創作主力群，是全國研究生、大學生聯合的詩創作及交流園地，成員甚多，不斷增加，二〇一〇年前後就有天涯倦客、俞翔元、羅毓嘉、崎雲、墨明（郭哲佑）、波戈拉、余小光、苗林（宋尚緯）、阿米、余學林、煮雪的人、謝明成、謝予騰、楚狂等現今已成名的詩人。其二是〈少年詩園〉明日之星，設定為國、高中學生聯合的詩創作及交流園地，先後有不少優秀的學生詩人投入這個園地，例如：廖建華、廖亮羽、木霝、鈦元素、童安、百良、王礎等。但高中畢業升上大學，他們在發表也改到另一個園地。像崎雲、余小光、苗林（宋尚緯）等詩人不少是從少年詩園繼續上升到大學詩園的吹鼓吹長期作者，我們在論壇資料庫裡，可以見到他們的詩創作的成長史。

用這樣的分類完整地建構一個詩論壇，至二〇二一年五月，論壇已發表詩文主題三萬多個，詩文總數八萬多篇。但為因應臉書以後網路社群形態的轉移，《吹鼓吹詩論壇》經詩社決定，已於二〇二一年五月三十一日停止運作。全部論壇資料移至新址：http://taiwan.fl.uch.edu.tw/taiwanpo/，成為永恆資料庫，不再接受投稿，只供對詩學研究者有興趣者免密碼登入搜尋查資料。

3、文學網站與紙本刊物的結合與發展趨勢

「臺灣詩學」詩社在刊物出版上，歷經了四個階段：（一）、一九九二年起出版《臺灣詩學季刊》刊登詩作及論評。（二）、二〇〇二年《臺灣詩學季

刊》停刊，改出版《臺灣詩學學刊》刊登學術論文，詩創作則轉於二〇〇三年架設《吹鼓吹詩論壇》網站發表。（三）、二〇〇五年起出版《吹鼓吹詩論壇》紙本，刊登詩作及論評，與《臺灣詩學學刊》同時並存。（四）、二〇二一年，吹鼓吹詩論壇網站關閉，但網路上有臉書〈facebook詩論壇〉及臺灣詩學粉絲專頁替代，所以仍是網路與紙本並進，仍是臺灣唯一出版兩本刊物的詩社。

其實自二〇〇三年起，「臺灣詩學」詩社即難以不往網路發展城堡，二〇〇五年起即難以不回到紙本詩刊再興風雲。有了臉書facebook詩論壇後，吹鼓吹詩論壇網站可以關閉，但紙本卻仍繼續出刊，這證明文學網站與紙本刊物結合仍是必要，紙本仍是文學愛好者心中的堡壘或殿堂。文學舞臺數量可以調整縮減，但不可缺少，擇最適合時代趨勢的舞臺是必然現象。就像BBS、新聞臺和部落格三種網路社群形式雖曾風光，但已過時，phpBB論壇的龐大形式不再吃香；反而臉書的社團或粉絲專頁形式與手機模式結合後，更容易操作，那文學網站只有另尋特色發展。

文學網站的發展趨勢，很明顯的，是要超越文本所沒有的影音形式，讓網路文學閱眾能看到影音化的文學作品，有動態影像、有聲音朗讀、有背景音樂、有移動文字，在影像、聲音、音樂、文字四重奏裡，享受網路文學的最頂級的展現模式。要是《臺灣詩學》增加影音製作人員，能往這個方向新設網站而邁進，那才算是站在網路詩創作浪潮的尖端。而在紙本的編輯上，也是要有所突破，就紙本的形式和內容來積極加強，而非消極延續過往的刊登模式和重複做過的主題。在紙本排版上更要靈活變化，擺脫僵硬的傳統排版，讓每一篇文章和每一首詩都有不一樣呈現的版面，不要每一首詩用同一個制式排版而讓整本詩刊都一樣，能有圖片和作品相關就要圖文互搭，或是放上作者相片，都是不錯的方式。紙本呈現雖不能像網路影音化，但在排版上做到圖文並茂應是不難。或許詩刊編輯沒有美術排版能手，為省事方便，只編得像一本只有文字的講義書，那是不會吸引讀者目光的。

我參與了《吹鼓吹詩論壇》網站的建構及經營，也參與了《吹鼓吹詩論壇》紙本刊物的編輯事務，這期間將近二十年，歷經了網路經營與紙本編輯的各種甘苦，但不管怎樣，我希望接棒者，能夠不負創設論壇時「詩腸鼓吹，吹響詩號，鼓動詩潮」十二字的宗旨，讓網路論壇社群及紙本詩刊這兩種發表場域，都能顧及詩的多元化、未來性、普及性、開創性，除保持不變的文學本質外，也要多跨界拓展，增加新的養分，讓詩學的版圖更加遼闊。

職項認知。

第二輯

給青年編輯的信：遇見書的故事

邱靖絨

菓子文化總編輯，曾任臺灣商務印書館及聯經出版主編

Dear Editor,

聽聞你終於走入編輯產業，你說想了解編輯如何企劃選書與製作，也想聽聞一些實例運作。對於你有此好奇，我自是相當樂意，因為實例藏有一些解決困難的方法，聆聽實際案例也是累積寶貴經驗的機會啊。只是得從書堆中挑選，這像是說不完的故事呢。一時間，想起那些書的故事，也不禁讓我澎湃起來。細細數算居然在出版二十年的光景，做過的書怕也累積上幾百本了，有的還印象鮮明，有的也不免在記憶中漸漸淡去。

像是蛛網又如迷霧般的書之記憶與時光交疊中，我試圖仿用詩人里爾克談詩所用的書信體為心意，以避開那些談及出版就會牽扯的繁瑣及旁枝末節，或可能隨書捲上的千堆雪或千朵雲，我們就從編輯臺上的核心談起，盼有所助

益。礙於篇幅，這個主題除了會進入到編輯製作本身，稍後也會試著針對提及的文學書舉例一二，讓你一窺各種不同的編輯風景。

由於書是一種特殊的文化商品，通常我會先簡單以編輯角色帶動書與人的特殊關係，來談書作為商品的特性。它既是知識的載體，也是一種媒介，在書市上又得是具競爭力的一種商品。我以「書的三角關係」，來指稱一本書牽涉到的三個角色：讀者，出版者，作者。編輯作為出版者，是為其中一項，但又得顧及這三種角色的溝通，書與人的互動關聯，編輯在編輯檯上需顧及的部分與自身的角色，也就更加容易理解了。

我想，簡言之，每一本書的故事，其實也是一個創造的故事。每一個版本的每一次誕生，都是無可取代的。也許正因此，即使是今天的我仍感覺每做一本書，都像一次全新的出發。每本書的風景，都像是新的起點，我們走入其中，看見裡面又有萬千滋味。因應出版單位編制與體制的不同，圍繞著書的故事自然也有不同的視角與因緣。

今年有新機緣開始新的職場，以另一種新手開始新品牌經營。在這視野開闊的出版園地，不只產業的版圖可以是遼闊的，對做書人，編輯人，或者出版人的心靈而言，也像是一趟長征旅程的美好起點。相異於一般的出版公司概念，讀書共和國提供百花齊放的平臺，為集合不同品牌的出版園地（目前約四十多個品牌），讓出版人能更落實心中願景，當然也更貼近市場的考驗。

有幸也能作為其中出版單位體的微小一員，彷彿看見真正的出版海洋，也不得不佩服創辦者的創意，氣度與遠見，還有對新興產業方式的叛逆與擘劃精神。畢竟出版的特性本需彈性靈活的特質，以編輯為主導的經營體制，確實是一種新契機。由許多出版單位各自展現自由奔放而拼成的大版圖，在其中，編輯工作因要顧及更多經營層面看似編務比例得縮小；其實不然，作為商品的前導與發想中樞，此工作也越發要緊，因為在選書或內容發端，編輯角色仍得是種下一本書種子的重要關鍵。在這彷彿栽培多樣性可能的大型森林中，自然也讓人有機會加倍看見更寬廣遼闊的書風景。

無論出版單位的結構組成如何，編輯人在出版領域都有共同點，且都得因應時代潮流，調整變化或增加許多不同的面向。今天我們就把重心放回你想知道的、遇見書的故事吧，提筆當下就像是談書的萌芽，製成與發展的生命故事呢。想要有什麼樣的果實，當然得先挑對種子了。

籌畫新書，與書的遇見，也往往有如初相遇般充滿新鮮感。畢竟每一本書中都藏有未知，包括可預期與不可預期的部分，比例多寡不一而已。而那些做過的書，它們所帶來的書的故事，也都蘊藏在我心中，無論那些迴盪的可能是溫暖的時光印記，也可能是艱難跨越的步履，一次次的過關練習，都令人珍惜。不復返的時光過境，能暫留的也就是書、記憶與友誼，陪著做書人老去。

選書跟價值判斷有關，而編輯工作又與初衷和方向有關。記得曾向你提過初衷真是件要緊的事，每挑選一本書，我們也都需要自問著選書的初衷是什麼，這點也將陪伴我們迎向接下來遇見的各種挑戰。記得自己在剛出社會時許的願，是盼望能與好人好事好物相遇，而今體悟到人與書的遇見（既靠機緣、努力，也靠心中的祈願或使命感），幾乎就可以致力於此心願的實現。菓子文化的成立與此初衷脫離不了關係，盼望加入讓人心更好的行列，在人類貪婪與慾望無止境的今天，學習把人縮小一些，作為大自然一員，扮演其應負的角色與使命，讓萬物與整體環境也能呼吸，共享更好的願景。因此來年的選書，將以青年力、革新力、夢想力為主題書單，日後再來分享。

初衷之後，我們就先談談一本書的緣起。

首先簡述一下出版流程，看看一本書是如何誕生的吧。我想，可以把出版流程粗分為三大塊：

第一，找稿源，包含企劃選書與洽談授權等。

第二，編輯檯上進入出版編輯製作。

第三，宣傳上市。

而編輯工作，大致上離不開協助這三大項任務，即使每個出版社因其不同部門人員配置，比重可能會略有不同。其中第二項，包含主要編務執行，無論文字內容的編輯工作，與美術設計師的整體溝通籌畫，應可說是產品製作上，最為基礎的一環。編輯不只是狹隘的文字編輯，最好一開始就是以「整體企劃編輯」的角度來思考，不只是處理校對或文字，協調整體包裝與美術方向，還要思考對讀者吸引的要素與宣傳，讓新書本身的優勢使行銷端也能自如運用。由此可見企畫、編輯、行銷三者的角色，隨著編制與時代浪潮也會相結合。

由於企劃與選書正是屬於找稿源的範疇，粗略地說，企劃選書又可分為被動式的遇見與主動式的遇見。一般來說，找稿源的方法，可先簡單粗分為中文書與外文書兩個領域。

以文學書來說，中文書在此是指華文創作的原生作品，你可以依照想出的類型尋找合適的作家，舉凡專職作家，資深小說家，網路作家，學校教授等，都可能是你想尋覓與邀請的作者對象。而外文翻譯書是指原為其他語種的作品，你期待能做中文版，就需要進一步洽談授權。

但要如何發現這些外文書呢？其實管道也不少。除了可以參考版權經紀公司的網站，上面會經常更新他們有代理的新書書訊，也可與他們接洽，以不定期收到寄發的電子書訊，此外在網路上搜尋國際重要媒體通路的排行榜，針對自己喜歡的領域主動搜尋主題與書單來挑選，這都是常見的方式。確定書目後，可再與代理商（如無代理商可直接洽詢出版單位）聯繫授權事宜。除了年代已久的公版書，一般都需要經過這個環節。

此外當然你也可以自行企劃一本新書，設定一個主題與篇章後，尋找寫作者，如果這本書題材特殊並有負責專題的邀稿主編，社方也可以與之共同討論目次架構及走向，決定寫作群，比如文學雜誌中的許多專題，就是集多位寫作者共同呈現，比如想加強對一個主題的關注力道或者多元觀點。

然而，在這些基礎之上，該如何選好書呢？即便好書與暢銷書未必畫上等號，這個議題永遠是長年做編輯者與出版人得時時思考的問題。

過去自己在出版編輯的養成路上較為幸運的是，不只出版社本身已在文學叢書這塊經營有成，加上也有計畫地挑選許多傑出知名的國際名家，在編輯臺上自然也有更多機會捧讀到預期之外的作品，開新的眼界，比如有不少拉丁美洲作家，歐洲當代作家，北歐文學，甚至經典譯注叢書等，有許多的多元吸收機會，也深感到廣泛的涉獵與閱讀，對日後編輯自行選書上頗有助益。而編輯自身也要有開敞的心，面對多樣的題材，才能有更多創意觸發，此外也要設身處地，為作者精心完成之作擔任知音般的角色，盡可能深入理解。

一般來說，初入編輯工作者一開始通常以編輯實務為主，而不見得有機會自行選書，但初始都可以抱持學習的態度廣納各種素材，用開放的心，不設限的閱讀，理解不同的作家作品與設想作品所需。當然也要關心與觀察書市，以此心態，除了會有意外的收穫，也有機會很快地找到屬於自己想經營的書系方向。除了編輯或社方的喜好，作品是否有其代表性與特色，都是選書的各種考量與關鍵。而一部作品是否能感動人心，編輯本身對書能否有所感動與想法，在我看來仍可說是選書第一要件。其次，以文學書來說，作品的呈現主題、內容架構、表現形式與文字美感都是可評估的一環。

記得我曾在與大學生的一場出版心得分享中，將編輯工作的要件如此詮釋與彙整，而這也是自己一路摸索的心得：

在選書上：挑選一本有愛與被愛潛力的書。

在執行上：想像一本書的樣子到實踐。

在宣傳上：傳達閱讀的感動／理念。

這三項任務及秘語，在你決定與書為伍的編輯生活中，也可提供你參考的繩線。願它也伴隨你行經書海，走入編輯夢。

至於你提到在累積經驗與培養嗅覺敏銳度之外，是否還能有一些具體的分享，接下來我們就以實例談談書的故事，也許從中你可以留意到企劃選書與製作層面。

編輯檯上的實務運作就跟作家在創作作品一樣，都是需要耐心與耐力的工作，此外更需要去學習解決一本書製程上的所有問題。回想自己的編輯之路走來，不禁充滿感念，與大部分編輯工作者一樣，我也是在出社會後從實務經驗出發，而非學院中的科班學習，但慶幸能遇見許多優秀傑出的作家、好書、創作與創意人才等，還有許多優異的前輩，都惠我良多。每一本書本身也都是最好的機緣聚合體。

以下所舉之例，乃從過往經驗中挑選一二（受囑託揀選，實屬不易啊），涵括聯經出版、臺灣商務印書館，以及讀書共和國旗下遠足出版的新品牌：菓子文化。有幸在這繽紛多元的出版園地開始生根發芽，在企業型態迥異的自由開放土壤中，看到出版的繁花盛景也看到新型的挑戰。在此就以青年編輯與新手也許會好奇的面向來分享。

遇見文學桂冠降臨

記得自己初入出版工作的隔年，就碰上華人第一位諾貝爾獎文學獎得主出爐。別說是編輯新手，還是更算是社會新鮮人的自己，對此自然記憶猶新。那是兩千年，當時公司（聯經）既有的作家得到國際最知名的文學大獎，氣氛一片雀躍與喜氣，也因此社方決定著手翻新桂冠得主原來已在公司出版多年但卻乏人問津的文學作品。因應得獎而製作的新版，同時推出平裝與精裝版（《靈山》、《一個人的聖經》，這兩書在作者得獎後，改以作者的水墨為封面）。

當時的我仍是新手，只擔任協助主編的角色，然而對於能逢此盛事，內心感到不可思議與喜悅，也聽聞或見證了《靈山》一夕之間翻紅的故事。

然而十年之後，二〇一〇年，竟然又有機會可以製作《靈山：諾貝爾文學獎得獎十周年紀念新版》，且同時推出精平裝，那時作為負責執行此書的編輯自是戰戰兢兢，也相當珍惜。這個版本源起於當時公司主管向作者提議，希望能爭取將作者過去在寫作當下，遠赴中國西南邊疆拍攝的攝影老照片，一併收入書中，讓紀念版有全新風貌的契機，也讓全書充滿另一重藝術氣息。作者不僅是文學家，更是知名的全方位藝術家，具多重角色。後來因陸續編了幾本作者的新書，大師的風采與謙和也烙印心中。

我們一般做書都希望能讓成品有最適切的風采再出爐，也都不免盼望每一本經手的書都能賦予它最好的能量，讓它有機會在歲月的淘洗下，不斷有新版本問世，而長銷不輟。尤其經典之作，值得紀念它的十年，二十年，三十年……

遇見臺灣海洋作家及原住民作品

文學小說通常不需要特別配圖，但也有一些例外情況，比如圖片能增加讀者對作品更多的想像與了解，或需要以特別的氛圍呈現。只是仍需要審慎評估，畢竟合適度需拿捏好，更需先徵得作者支持為宜，尤其對於特殊文化背景的主題。

對蘭嶼及原住民文學傾心的自己，曾陸續編過幾本夏曼・藍波安的幾部力作，首本即是為作家打造他最早的成名作《黑色的翅膀》十週年新版（聯經）。

為了翻新作者既有的舊版本，加上作品具有特殊的時空背景而決定加入繪圖為圖片元素，以新穎的面貌讓更多讀者看見及收藏，但如何找到適合的繪者，卻是一大難題。畢竟作者的書寫文字與題材原本就有獨特性與強烈的美感。後來幸運找到繪畫風格鮮明的插畫家儲嘉慧，第一次見到她的畫作，就覺得她是不二人選。然而因為當時她對原住民或蘭嶼還未有機會了解，合作上不免碰到瓶頸，為了讓她的圖片構圖上能寫實到位與發揮，深諳蘭嶼文化的朋友建議我可帶她去一趟蘭嶼。姑且一試的提議，沒想到竟獲得公司應允。

即使那時的我早已拜訪過這個島嶼多次，但因路程較遠且交通深受天氣影響，還是得碰碰運氣。幸而後來不但順利成行，插畫家回來後的作品幾乎張張都令人拍案，只需做局部求真上的微調即可，著實令人有成就感。爾後幾本同作者的書，當然也都再邀請同一位繪者合作，遂使後續新作都能有著獨到的美麗。

編者與繪者在發揮想像繪製之下，同時尊重原住民既有的圖騰意涵與文化，此亦為佳例。以圖片搭配原住民文學，甚至原住民神話故事，基於尊重當地文化，不只要考量當地部落傳統與族人觀感，也需能呈現當地氛圍，否則寧可以純文字呈現。畢竟圖片元素的運用，勉強不得，剛好就是最好！

而美感的培養與思考，也是編輯生活中可納入進修的一環。平時多將合適的或心儀的藝術家與插畫家，納入口袋名單吧。

一封寄到墓園的信

再來談一本翻譯書的奇遇。之前提到外文書不免需要談版權，有些圖文書可以將圖與文一併洽談授權，但現今也有不少圖書的文字與圖是採分開授權的，也就無法透過版權代理公司取得（即他們只授權文字部分，附圖得由出版社自行洽談）。這樣的案例也是存在的。

當時（在臺灣商務工作時期），接手過一套之前編輯留下，已進入作業並簽約多年的食譜書《法式料理聖經》（茱莉亞．柴爾德等）與續集《法式料理聖經II：經典的延續》，共有兩大冊，是大部頭的書。相異於一般食譜，原文書在半世紀以前出版時，可是劃時代的，也可說是開啟食譜搭配圖片的新紀元。當時那個年代，食譜書還沒有搭配照片，而這本書以三位作者群與知名插畫家共同打造出一本黑白印製，附手繪插圖的食譜。看似食譜書的大書，卻有著歷史書的光環。尤其是第一本《法式料理聖經》最為經典，加上圖片也知名，原文書出版時是特別邀請知名插畫家為這本書製作的；但中文版製作時，因繪圖者已過世，加上苦於聯繫不上授權對象而一再延宕。而如果另找人繪製插圖也不宜，苦惱之際，正巧與一位美食作家來訪公司順道談及此事時，在她鼓勵下，我們大膽且硬著頭皮去信至網路查到的墓園單位，後來收到園方回覆與協助，終能順利聯繫上可代表授權方。而今寫來清淡，當時可謂揑一把冷汗啊。畢竟簽約授權都有合約年限，幸好不只成功解決圖片授權問題，套書也成功引起讀者迴響，否則讀者恐怕見不到這本書的中文版呢。

由上述例子可見，執行層面不免會遇到各種困難，只要有心大膽一試，絕大部分都有解決辦法。因此編輯工作對於問題襲來之際，可別輕易放棄！

心繫德意志

長期以來一直都有些許機緣策劃或執行德語叢書，不只是德國現代文學，還有人文議題的書，實感幸運。由於大學接觸過一點德語的關係，當時並沒有對此語言怦然或深入太多（甚至對它多所埋怨），直到進入社會工作，休假多次造訪之後，發現它始終帶給我許多人生重要的禮物。即便是最初踏入德國時的許多文化衝擊，都有著如烏托邦式的激勵，讓我知道理想化的國度確實是可以存在，或者能以高度的努力，致力讓它存在。也許因為德語才讓生命有更多機會與德國連結的我，除了因此開拓旅行與學習視野，更帶給我價值觀上的提點，包括對人性思考，人道關懷，更尤其是與大自然環境互動的思維。此外他們對出版，以及對文學文化的高度重視，也曾讓我豔羨，心靈上大概可說開啟多一層富足的契機。

在驚異於歐洲文化國度蘊藏的飽滿能量之餘，也感念能遇見結識幾位真摯的知音以及他們的豐厚友誼。我想，基於每個人在生命中的不同「禮物」或說「給予心靈帶來啟發的事物」相異，年輕的編輯因各自的興趣與選題，也會更加豐富這個出版產業。而所謂選書或尋找合適題材，不也經常就藏在編輯生活可俯拾的事物之中？尤其自製中文書時，更可以留意並做相關主題規劃。

記得有一年國際書展主題國是德國，那年的展場格外悅目或者親切，大概是以讀者為主體、德國氣息濃郁的展場設計吧，也有幸在展場挑選到幾本德國當代作家的好書，包括人文類叢書與當代文學。後來也因聆聽講座，終有機會向久仰的作家蔡慶樺邀稿，並出版一本談德國文化觀察之作《德語是一座原始森林》（臺灣商務出版）。有時編輯臺上出版的書籍也像是藏有密語一般，可供人釋懷生命中的事物。德語是「困難的語言」，原來這件事是經過認證的，這句作者在書中提到的話語（「德意志語言，困難的語言」），也深深打中了我，意外解開我對德語這困難的語言的心結呢。

菓子新里程

二〇二一年有機緣成立新品牌（菓子文化），目睹新型態的出版集團運作方式，有如新創公司般的平臺特色，也著實讓我覺得不可思議，心中的編輯使命感亦更加強烈。或許是因應出版特性所量身打造，濃郁自由風格與選書空間，百花齊放般的出版集團於經營本身，就像是一則奇蹟或神話，可以讓不同主題的選書都有一席之地。而更多的時候，我們競爭的不只是書市，還是自我挑戰，如何讓自己能與書，與這個產業一起成長。如果說每個人都應該成為自己生命的企業主（為自身負責，為時光負責），因為投注熱情，如何將工作與生活做最適度的連結或區分，這樣的生命課題自有其精彩度。當然理想也得面臨現實的考驗，更貼近更直接，而無所遁逃，有新鮮與多重的挑戰滋味。

新品牌除了策劃書系與擬定出版方向，也希望能夠一圓心中未竟的編輯夢，讓一些不被看見卻動人的好書，能有機會亮相。大致說來，目前以文學、人文與生活書為主要方向。下筆之際，已推出兩部屬於不同書系的作品，正巧都與德語區相關，與維也納、奧地利有關，也是我心中很具份量的作品：《維也納之心：疫情時代的德語筆記》，《約伯與飲者傳說：奧地利刻寫無家與流浪代表作》。兩本書像是夢幻的誕生一般（因為既是意料之外，又像意料之中，像是現實人生突然遇見腦海中曾勾勒過的題材），文末再簡述一番。這兩本新書，分別是小品散文的閱讀觀察筆記與文學小說，作家都以文字的精準與獨特見長，或深刻或廣博，加上又是創立的第一批叢書，對編者來說自是珍貴於心，也格外珍惜。

德語的隱藏版禮物

因為新品牌的主線之一，也包含希望推動德語文學與文化及歐洲作品，能有機會出版作家蔡慶樺的作品，這位沉浸於德語世界，並能以獨特文風且博學哲思著稱的作家，真彷彿是德語賜予菓子的祝福。除了很感謝作者對新品牌的支持，也感受到德意志與德語，宛如藏有奧秘引力般，始終引領我走向迷人的道路。雖說奧地利與瑞士都與德國一樣屬於德語區，但德國以外的德語區，似乎較少被談及，即使我曾匆匆去過維也納，於我也只是路經的風景，印象其實不算深刻。菓子首發的兩本新書，恰好都與奧地利連結，像是出版路上仍有機會繼續在德語世界開枝展葉。

這部《維也納之心：疫情時代的德語筆記》以小品之姿，詩意盎然，力道十足，不只能解開一般人對奧地利文化的迷霧，也解開了我心中的不少困惑，正如作者所言，「因它總容易被德國的光芒掩蓋」。過去對德國著迷的我，始終覺得維也納或者奧地利印象模糊，雖說維也納這個城市或其位處的國家予人親切感，但直到讀到這本書，看見作者以廣泛閱讀與思辨，並勾勒出城市的文化風華，才讓人找到一條繩線，理出迷霧，並看見這個懷舊的世界之城的現代樣貌，更發現作為世界文明之景的維也納咖啡館與其城市的奧秘，絕不只是「幾座咖啡館建立的城市」那樣簡單。不只在每座華美的咖啡館背後，甚至街頭轉角都充滿待翻閱的歷史身世，令人怦然。而迷人的璀璨的文化之都，借一部深度思辨又輕快暢談的小品集成，多元、繽紛又易讀，適切地讓人愛不釋手。

詮釋人生使命與人性，令人低迴的迷人故事

文學小說的挑選很依照個人或者出版單位的口味，以各種桂冠得獎作或暢銷書榜來挑選，也都是常見的方法。但有時也有些不得不然的理由，比如被作

品所觸動你心深處而不得不走向它，終將動人之作推薦給讀者。

接下來談這本小說《約伯與飲者傳說：奧地利刻寫無家與流浪代表作》即是如此，這本書收錄了作者約瑟夫‧羅特兩個截然不同的作品《約伯》與《飲者傳說》，迥異的文風，都以流浪為主題，讀來難掩心中激越之感，那是人對生命的掙扎與追尋吧。尤其《飲者傳說》主角以酒精成癮的巴黎流浪漢遇見奇蹟的過程，他如何許諾自身，在最後一刻達成教堂還錢的使命，更充滿隱喻。作者稱此作為遺言。在他不到四十五歲的短暫生命中，正好可看到他踏入文壇的成名作以及離開人間的遺作，以這兩本代表作集成的中文版，那是一九三〇年代，顛沛流離的猶太人命運的縮影啊。

最初的源起是因為《飲者傳說》這本小書，數年前聽聞一位學姊談起這本朋友贈她的書，一聽故事梗概便覺心動，十分著迷，但礙於只是一本薄的中篇，成書有困難（畢竟是只有數十頁的單篇作品），只能掛記心中。然後三五個年頭很快又過去，我還是惦念此書，直到新品牌成立時，仍不放棄地想尋找出版的契機或可能性。在爬梳作者的眾多其他作品資料後，終於決定與《約伯》這本作者的成名代表作一起出版為合訂本，心中的大石才落了地。而流浪或人生追尋主題，也讓我想去過去深深喜愛的赫曼・赫塞《流浪者之歌》一書，而今終於有全然不同，以別的途徑探尋到心靈漂泊最深處之作。而真正文學上乘之作，就是能寫出人生共相的吧，那是探索人生於世的本然漂流，更不只是猶太人的流浪命運啊。現今讀來，更像是一部為被歲月折騰的所有斑駁生命寫的安慰之書。

由於決定製作此書時，讓我想起六、七年前曾看過一位淡水藝術家的展覽，因當時他的畫中對其所呈現的歐洲人物速寫與風情，讓我印象深刻。一進入編務後便嘗試聯繫，最後終能成功聯繫上，也當下立即得到應允，才有機會邀請他為《飲者傳說》繪製插畫。過去從事廣告，現已退休的插畫家，首次與出版社合作，他的熱心與熱忱之外，更個性十足。竟然一讀作品，還未依原定討論細節碰面時間見面，隔幾日就直接收到掛號寄上的作品。即使後來因為背景需要依照當時的年代與巴黎氛圍需做修改，藝術家也仍展現高度功力速寫並順利定稿。我想這也是畫家與這本小說背後的文學家，不同媒材創作者的心靈交流，本身也會某種程度的共鳴與觸動而啟動創作的動力。

書的故事還在繼續呢。慶幸兩本書《維也納之心》與《約伯與飲者傳說》

像是夢幻的誕生一般，作為品牌首發。這兩本創始作，小品文與翻譯文學，作家都以其文字的精準與獨特，深刻與廣博，多元呈現。新品牌首發打上了新的商標烙印般，對編者來說自是珍貴於心，也別具意義。而品牌經營過程不易，除了單書與書系，也有許多層面蘊藏新的學習，想想這又將是未來可以續談的另一章了。來年的書單也已備妥，充滿著青春熱血呢，也將如初生的菓子繼續朝夢想前進，期待菓子能在跳躍的光中，生根茁壯啊。

願與你一起共勉，努力！

深深祝福。

1 2 3
4 5

1 《靈山》（諾貝爾文學獎得主十週年紀念新版），高行健著，聯經。

在2000年與2010年，兩次相遇的書。此為2010年版本，十周年紀念版。

2 《維也納之心：疫情時代的德語筆記》，蔡慶樺著，菓子文化。

維也納，迷人、璀璨的文化之都，這部深度思辨的書，能解開對奧地利文化的迷霧，真正看見維也納！即使過去如此容易被德國掩蓋了光環。

3 《約伯與飲者傳說：奧地利刻寫無家與流浪代表作》，約瑟夫．羅特著，宋淑明譯，菓子文化。

讓人警醒得牢記人生使命，並體悟生命漂泊的作品。

4 《獻給心靈的生命之書：十個富足步驟，打開內在智慧與恆久快樂》，喬．鮑比著，盧相如譯，菓子文化。

作者融合世界古老靈性智慧與練習法，供現代人啓動高靈商，引領心靈走向富足且自由。

5 《穿雲少女：一場邁入非核家園之前的虛擬冒險，德國熱賣兩百萬冊暢銷得獎作》，顧德倫．包瑟望著，黃慧珍譯，菓子文化。

暢銷德國三十年生態文學經典，作者受車諾比震撼而寫的虛擬警世之作，至今仍為德國青少年必讀書單。

每擊都要必中的槍兵：

一個做文學書起家的Freelancer

李偉涵

文字工作者，曾任遠景出版主編

大學中文系畢業後，當同學們紛紛進保險業、考公務員、上研究所的時候，我可說是相當幸運，進了出版業，做了學以致用的工作——雖然進了這個產業之後，才發現產學的共同點只有「使用中文」而已。至於為何我想進出版業呢？除了因為履歷上填的最高學歷是中文系外，還在於我喜歡看書、寫作，我渴望知道一本書的製程究竟是什麼（尤其是文學書、人文書），這樣的我不進出版社，要去哪裡呢？於是，我做了一個編輯：為了不被設計罵到哭，之後再成為了一個美編；最後，意識到創作也有其黃金歲月，我已不再年輕，想奪回自己的創作旺盛期，因此決定脫離體制，變成了一個全職的Freelancer（自由接案者），但不論如何進化，自己始終是在出版業打滾。一眨眼，竟也過了十四個年頭——這是一段足以讓菜鳥變成老鳥的時間，即使無法像檯面上的明星編輯們那樣發光發熱，但在幕後走過的橋樑、遇過的風浪，應也可寫成一則則小貼士，提供後進者一些參考。

成為Freelancer之前，你要養肥自己

在我做Freelancer的這段期間，「斜槓」、「一人」、「工作效率」、「原子習慣」等都是很夯的詞彙，看博客來的排行榜就知道了。因此要成為Freelancer不難，有太多書可以教我們了，但Freelancer要存活下來，在養好自己的工作習慣、工作態度與理財觀念之前，最該先養好的，是我們做書、以及在業界交朋友的功力。當我還是出版社的小主編時，每每面試新人，總會在他們的履歷上看到一段空白期，詢問之下，才知道如今他們之所以回歸體制，都是因為Freelancer沒有他們當初想像的那麼容易。功力先不談，光是案源就令人挫敗。因此建議想做Freelancer的人不要急，最好先在業內花個十年以上，把自己養肥了，再出來一番壯遊，視野會更佳。以我為例，雖然談這十年多的編輯經歷，眼淚絕對比笑容多，但沒有傷疤，身體怎會強健？所以我感謝這身

傷痕累累。

我是做文學書、純文字書起家的，之後才漸漸接觸人文史地類的圖文書。這類圖書編輯有一個共同點，就是作者至上，從我們都會尊稱作者一聲「老師」即可觀之。但這聲「老師」也是我們的包袱，在主導編務的立場上，我們往往屈居弱勢，遇到願意聆聽專業意見的老師，合作可以很愉快；遇到固執己見的，只能好言相勸，可有時仍會忍不住大聲，想奪回話語權，那就得自食其果，等著被上告老闆。

如果只是針對作者一人，有了一兩回經驗後，過招倒還容易，但在出版業不景氣的長程路途中，為了生存，總得碰一些政府補助案或標案，編輯身為「專案管理人」，到了這時，所管之事早就超脫了紙本上的文字，幾乎事事都要管，而我們要溝通的，除了作者與合作夥伴之外，還有龐大而鈍重的機關體制，且在這種體制內，對專業的定義彷彿只流於公文流程的咬文嚼字，而我們本行的專業卻往往得被外行人血洗一番，不得不說是一種凌辱，編輯不但得首當其衝，還得挺身保護作者與夥伴，一個案子做下來，說是被粉身碎骨並不誇張。

雖然當下都會被氣得臉紅脖子粗，但不得不說，溝通技藝的訓練，以及被迫開外掛學會的技能（比如版型、封面被退到已經沒有夥伴願意承接，編輯只好自己下海承包，最後便讓編輯習得了設計美編的武功），就是從這一放一收、一拳一腳之中拿捏、摸索出來的。

至於在業內交友，更是急不得，勉強不來，而且也沒有一套絕對心法可教（教了不是挺心機的嗎？）。只能說，當你看稿的眼睛和心感到疲倦時，偶爾可以放縱一下，到臉書上滑滑同業的狀態，在同溫層裡一起罵罵現實、取取暖，便也是一種人脈的培養——當然，這代表你得耐著性子把出版業待久一點，才有足夠的素材跟大家一起訐譙。同樣的，待得越久，你經手過的書與專案也就越多，這些都是未來成為Freelancer的資本，也是將來決定和你合作的業主認識你的門徑。

文學很美，但也很難客觀。越是主觀得難以定奪對錯時，自然是以創意者或出錢者為大，編輯乍看常是淪為版權頁上的頭銜與名字而已——除非你是那個獨具慧眼的選書人或企劃發起人，讓作者、合作者對你產生銘印（但這種事要成，也很看運氣）。不過，請不要氣餒，因為你依舊是那本書的編輯，是幕後的全權負責人，只有你知道，書的成功與無恙，是因為有你的把關。

當我們有了這層體悟後，十年所受的傷終歸是過去了。當我們撐到了這一刻，接下來要做的，就是感激這些沉澱，造就了此刻Freelancer的自己。

成為Freelancer之後，你必須快狠準

有人說Freelancer能不能活下來，試個半年就知道，而我目前活下來了，看起來也還能繼續活下去。對於能夠長久合作的業主，感激及珍惜的心態必定要有，如此才不會張狂自大，以為自己萬能無敵。除了抱持謙卑外，更重要的還有自我工作效能的管理模式。

我目前接案的種類，包括採訪撰稿、編輯校對、排版設計三大類，書種以文學人文、心理勵志為大宗，寫過作家、藝術家的採訪稿，編過詩刊、詩集，排過雜記、散文、小說，也曾為大學時就拜讀過其大作的知名文學家操刀了書封設計。工作內容看似很滋養自我心靈，但是要在業主規定的期限內完成工作，還是得將焦點放回務實面上來運作——也就是如何精準解讀案件需求，適當地控管執行時間成本，而且必須盡量避免因自己的失誤被退件，因為時間

是Freelancer最珍貴的成本。若遇到大改特改的業主，那是自己運氣差，遇人不淑，謝謝惠顧，沒有下次，吃頓大餐，去去晦氣即可；但如果是因為自己解讀錯誤而導致工作多次往返，那種悔恨心情，是即便跑了十圈操場、游上兩千公尺水道也消除不了的。我想這樣幽微的內心小劇場，很能反映自律與精準對Freelancer的重要性。

以我為例，我每日的工作時間從早晨七點到下午五點（實際上，我是三點半起床，用早餐、寫日記後，進行兩個小時的長篇小說創作）。中午休息兩個小時，吃飯與運動（疫情前是以游泳健身）。每日的工作項目，在一週前就要視案種的情況來做好分配，比如潤稿、寫稿、寫文案最需要專注力，通常安排在精神最佳的上午；編輯校對所費時間最是冗長，要嘛是每天早晨開工校對二十頁，積少成多，要嘛就是全心全意，花上三、四天來把關（手機拿遠一點）；版型、封面設計需要放鬆自己，心情上盡量保持愉悅，聽聽音樂、Podcast都很適合，事先收集好素材資料、集中創意的話，一天即可將自己的構想付諸實踐；至於排版是頗為機械化的動作，偶爾被雜務打擾尚可承受，因此多半會與突然插進來的零瑣雜事配在一起。於是，我就像一個俄羅斯方塊的玩家，將各種類型的工作方塊一一拼出了我的一天、一月、一年，賺得了許多積分。而作Freelancer的好處是，沒有會議、行政雜事在空轉我們的時間，這讓責任很單純——工作時間若被浪費了，那多半是自己的問題，怨不得別人。

應如何避免時間被浪費或拖延，「精準」就是必要的條件了——對自我精準，也對業主精準，尤其文學的成形多半是抽象的，我們更必須具備一套抓到精準的方法。因此我特別欽佩能在一封信中就將委託內容說明得條理分明的編輯，幾乎讓我找不到要多問、多提醒的地方，和這種對自己做的事胸有成竹的資深編輯合作起來是愉快加成；相反的，當然也有那種用通訊軟體遞委託案的人（並不是不行），但就像擠牙膏一樣，必須問他一句、他才答一句，來往數十則訊息才稍窺案子全貌，可想而知，這種溝通方式會對日後造成災難，如果不缺案子，最好直接拒絕，因為時間就是金錢。如何篩選可靠的業主，我想第一封信件或訊息的印象非常重要（於是不少老編們感嘆，現在的年輕編輯竟然寫不好一封邀稿信）。

以下，將舉出幾例自己與業主的合作模式。

成為Freelancer之時，你面對的二三事

＊一本有點說不清楚的論文集排版

這是一本簡體轉繁體的書籍，編輯來稿時，只簡短地說明本書要直排，有大量注釋，想做四百多頁。然而一打開他整理過的word檔，卻是感到一陣心驚。全書仍保留了大量的阿拉伯數字（直排書的數字應寫作國字，版面才會美觀），有注釋編號外，還有古詩的編號系統；全書結構除了正文之外，還有索引、附錄短文等等，但格式頗亂（要看一個編輯的稿整得漂不漂亮，看他有沒有善用段式設定就知道，或是文稿中有無很多沒意義的空格）。

我只好去信一一把問題釐清：確定要直排？確定把阿拉伯數字改成國字（這通常是文編的工作才是）？正文與目錄的章名不一，要以何為準（結果竟然是目錄，但文編沒說）？大量注釋要怎麼排，是當頁注，是章末注，還是書後注（文編思考了一下，才說章末注；問題是，若是章末注，各章的注解編碼系統全部要重整，我只好默默幫忙動手，才一百多個而已）？……

基本上，文編是一本書的舵手，在發案之前，應先向合作夥伴將他可預知的狀況、條件爬梳釐清。但由於文編在公司內的業務量十分龐大，有時太忙，或是他「信賴」你（自己可以發現問題），可能就會疏忽不少細節。為了不讓自己做太多白工，最好隨時提高警覺，有疑惑就要問，避免工序重複，或是回校勘誤時改到天怒人怨（怨到想殺了這個把排版稿當潤稿在改的天才）。

*接一條龍通包案前，先要有一個可信賴的夥伴

這是一本人物傳記書，由一名不擅長篇論述的文字工作者所寫，而作者親友也將傳主畢生所有的照片通通發來，可以想見此案之雜亂。可幸的是，發案方是一位資深的主編，由於性格的緣故，做起事相當周全、細膩，在發案之前，就先將文稿的狀況、時程的安排打在一份清單裡，讓人一目瞭然（尤其是時程的拿捏，我發現不少人其實不好抓自己的作業時程，但應該不是他們的錯，可能老闆想出這本書的動機，就是一記靈光乍現）；但這樣還不夠，他會在我讀過清單後，再通上一次電話（通話時間還會在前一天就約好），確定自己解答了我所有疑問，才讓我開工。

其實做書是一個愉悅的過程，看著零散的圖文素材在自己的手中慢慢凝聚成形，也是一種創造的快樂，而只要時間充裕，我尤其喜歡封面、內頁、編輯、校對通通自己來的案型，付出的努力越多，收穫的成就越大。那麼，為何有時我們的同業仍會做得生不如死呢？除了趕書的壓力外，還因為有太多人事的紛雜了，他們上有老闆作者、下有美編行銷，一本書的所有大小事幾乎都要文編作主，他們又何來的心力感受一本書逐漸成形的快樂呢？慶幸的是，這位主編幫我將這些需要溝通聯繫的雜事通通攬下，作者或其親友有任何意見，都要先經過他這一關，他覺得可行，才會放行，讓我這一端知道並執行；我有什麼地方做得不足的，他也會明言讓我知道，並且具體說明，不會說出模稜兩可的意見（如：這裡不太跳耶、我覺得很好但好像少了一點什麼）。

有人在陣前替我頂著，讓我可以在後方安心地潤稿、下標、寫文案、設計版型、選圖、寫圖說、排版、發想封面並大顯身手……然後在交稿的時候，我會好好地寫一封誠意滿滿的說明信，把自己為什麼會這樣做的原因也跟對方詳細解說，讓對方感受我的心意與努力（至少我過去合作過的美編或設計，很少讓我感受到他的心意，所以我一直不想做一個太酷的外包人士，因為我知道那滿讓人傷心的）。他不會馬上回覆我，因為他必須確實看過成果才能有所回應，他同樣不願草率地對待我的努力。最後，他會真懇地答覆我：「謝謝妳，把稿子打磨得如此閃亮，讓它有了呼吸節奏。」或是「看到版型提案時，有種書稿升級再進化的感覺！」接著，他當然會提出可以再改進的地方，但是光是這樣的開場鼓舞與肯定，以及之後他獨自面對作者或主管的壓力時仍堅定地為我護航，不論結果是勝是負，都已讓我心滿意足。至少我知道，我的專業有人在保護。

＊自己的糊塗怨不得人，誠心彌補就是了

我當然也做過糊塗事。比如為某家出版社設計版型，對方在發稿單上明明寫著書籍尺寸為三十二開，我卻給人家設計了二十五開的版型，而文編可能剛入行，也沒發現。後來，要幫對方做書名頁，打開設計者做好的封面時，才發現尺寸錯誤，趕緊跟對方道歉，也挪出時間替對方將整本書重排（還好是散文文字書，不難）。

或是為一個社福團體寫採訪稿，我沒有認清團體的存在，將文稿的重心聚焦在受訪者身上，變成了受訪者的個人秀，可以想見受訪者在面對他的工作夥伴時情何以堪。收到對方委婉的重寫信後，也只好再挪出時間，將整份稿子重寫一遍（還好對於每天都在自己的小說文字中修煉的人來說，重寫一千多字的文章也不是太難）。

總之，沒有雇主的Freelancer，自己就是自己的雇主，當然凡事要力求精準，避免做錯事，但如果真的做錯事了，也不要慌，更不要推卸責任，誠心道歉後，要想辦法幫對方收拾殘局；度過危機後，要恭喜自己，又發現了一個地雷區，下次絕對不要再冒險踩進去。只要對自己的時間、品質、態度都要求精準，所謂的品牌形象，也就會慢慢地豐滿起來，讓你繼續在這條路走下去。

繼續成為Freelancer的未來式

成為做書的Freelancer，還有一項有趣的福利，那就是會收到很多自己經手製作的樣書。有些太過大眾的心理書，我會送圖書館或上網義賣（款項捐給慈善單位），文學書則先留著讀，喜歡就存下，反之一樣捐出去。不少時候還能收到封面裝幀是由業界神人級的設計師操刀的書，除了讚嘆與觀摩大師的設計功力外，也會給編輯發一封信，打聽打聽對方用的紙張、印刷手法等，一一記錄存檔，作為自己的設計資料庫。

另外，也可以從接案的書種一窺出版趨勢，比如自從《82年生的金智英》的小說熱賣後，這兩三年很明顯的，韓文書版權大量湧入市場，不論是生活書、心理書、小說文學書，和我合作的業主幾乎都有規劃，讓我得去Adobe官網下載一些韓文字體來因應。市場如此開放多元，自然是好事，但在岸上旁觀時也忍不住想：要到什麼時候，臺灣讀者才會喜歡上用自己的語感與文化所寫出的書呢？

Freelancer的歲月，已邁入三週年。若有人看了我的工作行程表，恐怕會說：「好可憐，沒有假日呢。」但若問我是否希望繼續維持下去，答案是肯定的，我喜歡這種「工作不是工作」的感覺（當然有時遇到棘手的狀況或腰椎骨疼痛時，還是會冒出「啊我在工作啊好累」的念頭），每一種不同的工作都是激發自己前進、學習、開創的動力（多虧各種書種案型，我又發掘了許多Adobe設計軟體的不同功能；也多虧採訪工作，我才能認識那麼多在社會上默默為自己喜愛的事而努力的人們）。更重要的是，在嚴格的自律所編織出的時間觀中，我覺得我的心是自由的，自由的我因此能在小說天地上揮灑，創造出屬於我自己獨一無二的世界觀，而那是體制無法給予我的財富。

臺灣原創作者的路越來越難走，這是我作Freelancer時感受到的難堪；但也因為我作了Freelancer，我反而覺得路並沒有被走盡。因為終有一天，身為Freelancer的我會支持身為創作者的我，讓我得以自己寫書，自己編書，自己賣書，自己經營創作品牌，彷彿這是一座自給自足的農場小莊園……啊，別說終有一天這種遙遠的話，其實我早就在砌築我的樂園了，而我把每天都忙碌得非常快樂。

這就是我的Freelancer歲月。

一名文學編輯的幾個出版實例經驗

蔡昀臻

遠流出版主編，曾任《中國時報・開卷》、《文訊》、《自由副刊》等媒體編輯

曾有人這麼誇口：做過編輯的人，什麼都能幹。若轉換視角，或也能浮誇的說：做編輯的人，什麼都得幹。

尤其進入高倍速時代，數位網路的迅捷、巨量與無限擴延，不僅促使創作的定義被改變，出版的流程與意義受到衝擊，編輯角色亦是面臨挑戰。片山一行曾言：「『編輯』這一行就是融合自己的一切來形成『人格』，正面迎戰作者與出版業者，最後堆砌出『書本』交到讀者手上。」構成編輯「人格」的，以現今流行詞語來說，或可包括企劃力、文字力、想像力、美學力，乃至於行銷力等等，缺一，難以成事。

在成為一名出版編輯之前，我陸續從事的工作亦多與創作及書籍相關，包括文學副刊與雜誌、書評媒體，乃至於文學場館等。功不唐捐，這些分屬出版

前後端的實務經驗，都成為後來投身書籍生產線的養分。

直到二〇一六年九月，我進入遠流出版公司，隸屬以臺灣館與繪本館為主力的第二編輯部。初始，部門裡對文學，尤其是華文創作較少經營。也因此，技能與資源尚缺的我，做了若干不同領域的本土自製書，包括生活文化類的《老雜時代：看見台灣老雜貨店的人情、風土與物產》、《繪聲繪影一時代：陳子福的手繪電影海報》；自然圖鑑《野菇觀察入門》（新版）；圖文創作《鄉民曆》；漫畫《鬼要去哪裡？》、《檳榔美少女》；商業企管書《風土經濟學：地方創生的21堂風土設計課》；學術著作《明清東亞舟師祕本：耶魯航海圖研究》；亦經手文學經典的新編重出，如《基度山恩仇記》等。不同類型的書籍各有編輯製作上的專業技術，眉眉角角多，對我而言，每接下一本書都像在短時間內修習一門新功課，過程跌跌撞撞。幸賴有著紮實本土自製書背景的前輩同事們，傳授經驗技藝，才得以邊走邊學習，也才得以陸續挖掘與編輯本土文學作品。

正因入行不久，投身文學書籍的時日更短，相較於已耕耘多年的同業前輩，對書系的經營還淺，仍延續既有脈絡。截至目前，責編的文學作品隸屬兩書系：與臺灣性較為呼應的，歸到「臺灣館」，如《老派少女購物路線》；其餘則納入遠流另一源遠流長的書系「綠蠹魚」，包括《陳澄波密碼》、《大話山海經》系列、《滌這個不正常的人》、《我喜歡這樣的生活》、《香江神探福邇，字摩斯》等。自我期許接下來能開拓戰線，藉以加深對臺灣文學的探索，並拉近與目標讀者的距離。

本文謹以責編的幾部書籍為例，從選書、編校、設計、行銷宣傳等面向，分享個人一點文學編輯經驗。

初遇鍾情作品時切記不可輕慢

入行初期，我為書源所苦，同業朋友衷心建議，要做自己「有愛」的作品。選書、做書，不只關乎編輯個人的偏好與專長，更關乎欲力。有愛，會想盡辦法為它付出，也意味著，才足以抵禦繁瑣燒腦的編輯作業所帶來的磨損與消耗，以堅持到最後。

臺灣有無數創作者尚待挖掘、眾多作品值得出版，然或與一般想像不同，他／它們並非如同百貨專櫃上琳琅滿目、量多質精的品項，伸手點指即可得。

當然這也與編輯的涉世，在現實人際關係與網路虛擬世界撒的網多大多深有關。

每位編輯選書的抉擇點各有不同。對我自己而言，除了語言風格、敘事方式或對議題的探觸，作品中偶或閃現的靈光，甚至古怪，常是引發好奇的關鍵。既稱之為靈光或古怪，即無法以理性邏輯分析，而更近似一種直覺。此外，有時對眼前的著作還懵懂好奇，或甚至不被看好，反而會激起編輯的鬥志。那種「你們不懂」的任性，可能化為力氣。

編輯有時確是憑藉直覺選書。例如二〇二一年出版、曾被目為「橫空出世」的洪愛珠飲食書寫《老派少女購物路線》。最初，只是二〇一八年在臺北文學獎頒獎典禮上，對以散文首獎身分致詞、很有大將之風的洪愛珠深有印象。幾日後，偶然間翻開得獎作品集，才讀她同名作品的前兩段，便不禁正襟危坐：這個人是從哪裡冒出來的？隨即上網搜到她在《上下游》發表的篇章，愈讀愈手心冒汗、坐立難安，不到半天時間，便立刻傳 messenger 與她聯繫。如此腦門一熱，相信是許多文學編輯發現好作品時常有的經驗感受。《老派少女購物路線》出版後備受評者與讀者關注，甚至引發近年難得一見的書市熱銷現象，亦因此屢次被問起合作因緣。

真正的好作品，一如寶玉珍珠，遲早會被看見，無關所謂的慧眼與伯樂。能簽下秀異作家作品，有時靠努力，有時是直覺，有時則憑運氣。簽下《老派少女購物路線》即是倚賴一點直覺，再加上難得一遇的好運。飲食與親情，皆是再尋常不過的主題內容，然而洪愛珠下筆，底氣與火候十足，完全超越她實際年齡，真正是能寫之人。也因此，即使當時她手邊的稿量不過兩萬餘字，編輯仍快快簽下出版合約——一則是隨後不久，開始有其他出版社與她接洽。

如此，簽下心儀的作家作品還需另一關鍵：動作快。當文學編輯遇見鍾情的作品，或是驀然有種天線大開、腎上腺素飆升的直覺，切記不可輕忽拖慢。

擔任寫作陪跑員的階段性任務

有些作品，在初接觸時仍積稿不多，因此與作者建立溝通橋樑，拉出討論空間，是此階段的主要工作，而這亦是與編輯出版翻譯作品較為不同的部分。

寫作關乎天賦與性情，也跟人生際遇息息相關，作為編輯，有時需扮演陪跑員或照護者的角色。

早些年，曾在《自由副刊》擔任編輯，那是紙媒與文學副刊猶深有影響力的年代。彼時每日看大量來稿，修潤及編校文字內容，與寫作者保持緊密聯繫，且不時有機會透過專訪直探作家的內在世界，進而磨練了文學敏感度，加深對創作心靈的理解。之後進入資深文學雜誌《文訊》，則是對於臺灣文學的整體脈絡有了更為寬闊的認識。這些對成為一名與作者緊密互動的出版編輯而言，皆起了至為重要的幫助。

以二〇二〇年出版、獲臺灣文學金典獎肯定的廖瞇《滌這個不正常的人》為例。此書的編輯工作啟動得甚早，從廖瞇甫以寫作計畫與試寫篇章入圍臺北文學年金時，我們即展開歷時年餘的聯繫。當時的她，才剛敲叩已失業繭居在家十餘年、在一般人眼中是所謂繭居族、強迫症、高敏感的弟弟滌的房門。廖瞇試著與滌、與父母親展開既艱困又難得的對話，並一一記述下來。

廖瞇是一位高度自省的創作者，這是她第一部紀實散文，面對如此特殊且涉及家庭隱私的題材，她初期有若干斟酌與保留，包括是否應採取虛構筆法？記錄下鉅細靡遺的對話與想法後是否應大幅改寫？這樣的作品值得出版嗎？聯繫過程中，編輯時而調整扮演的角色。例如提出自己對這部作品的想像，以及它在當前臺灣文學版圖上的座標位置，以作為確立敘事口吻與筆調的參考。除此之外，編輯更多時候比較近似於一名陪伴者。或適時提醒作者，家族書寫可能面臨的寫作倫理問題；或提供參考資料；或在作者心情有些低落時，擔負激勵打氣的後援責任。

值得一提的是，顧及作者家人的感受與意願，過程中，我們同時做了最終可能無法出版的心理準備——然認定這部作品值得出版的態度，未曾稍改，也明確讓作者知曉。而期間遭逢的大小問題，也在在促使編輯持續思索相關環節，進而對之後的編輯作業與行銷宣傳，能有更周延的規畫。書出版後，廖睷打破散文書寫框架的敘事方式，以及對藺居族、家族創傷與心靈療癒等層面的探觸，能以一種「溫柔」的方式傳達給讀者，編輯真是深深慶幸。

相較於購買中文版權、出版翻譯作品，作為華文文學的編輯，有更多機會看見甚至參與創作的過程。更進一階，常也擔負了催生下一部作品，乃至於俯瞰作者的創作軌跡，以探尋未來可能性的任務。

掌控流程環節與定位座標位置

定稿後，進入實際作業流程：思索定位，訂定書名，梳理文字，確定篇次結構，尋覓美術設計，討論視覺風格、開本、版型與裝幀，斟酌是否邀請推薦序文，乃至於確認後端的印刷與裝訂等，事務瑣細而環環相扣，都是為了讓作品長成最好的樣子。進入遠流出版前，我任職於《中國時報・開卷》，當時工作內容包括蒐羅整理巨量的出版訊息，參與由作家、專家組成的大小書評會議等，這些事務，讓我得以對臺灣的出版趨勢有大致的掌握，亦學習如何從文學作品中窺看時代，定位它在文學光譜裡的位置，以及它可能與什麼樣的讀者產生何種連結。而這些訓練，對於從事出版編輯時，定位作品，進而在編輯與行銷上強化優勢，或聚焦目標讀者等，同樣起著磨練之效。

以《回家種田：一個返鄉女兒的家事、農事與心事》的命名為例。作者劉崇鳳離鄉多年後，決意與伴侶回到美濃老家務農，點滴心情都化為書中篇章。返鄉青年、女性意識、家庭關係、自然農法、族群地域特色等多重元素，究竟應以何者為主訴求，這使得書名一度難產。最後「回家種田」出線。這個看似被用得頻繁俗濫的詞語，恰好符合本書情境；同時，也因為如此平淡，反倒勾起了其中應另有深意的揣想效果，再加上具體提點內容的副題，更與作者的寫作初衷與筆調相契。

又如資深書評家果子離的雜文集《我喜歡這樣的生活》。作者已出版過《一座孤讀的島嶼》、《散步在傳奇裡》等書人色彩鮮明的著作，在近年散文書寫爭奇鬥豔的出版書市，此作要如何突圍而出，編輯臺與行銷企劃經過反覆討論。最終我們除了延續書人特色，更突顯他所自述的，介於人生勝利組與魯蛇間，看似溫吞，實自有堅持的性情，而這亦貼合上果子離最早即設定的書名意涵。

文稿手工編校是一切的根柢

相較於其他領域，文學創作的語言文字往往更具個人性，而這亦是每部作品之所以存在的靈魂。也因此，文稿的編輯可謂是執事者首重的要務，亦是花費最多心力與時間的一環。大至整體結構的調整、行文段落的增減，小至統一字與標點符號的確認，都需老老實實、按部就班的貫徹執行。

於此，第三屆「臺灣歷史小說獎」首獎作品《陳澄波密碼》，或可作為一例。這是一部以修復陳澄波畫作展開的歷史推理小說。編劇與導演出身的作者柯宗明，在小說中，宛如拍攝紀錄片般，搬演一幕幕場景，透過林玉山、李石樵、楊逵與呂赫若等人的對話，逐步解開畫作中暗藏的謎團，進而追索陳澄波在動盪時代中奮鬥的過程，並反映當時臺灣人在認同上的徬徨與無奈。字裡行間充滿畫面感，將原本遙不可及的歷史人物請下神龕，接上地氣，所謂「從書本裡走出來了」。

相對於澎湃真摯的情感理念，此書並非以敘事技巧與語言風格取勝的作品。因此在編輯過程中，經過與作者針對內容細節的討論，並取得信任與默契後，即一同進行語言文字的調整與修潤，包括微調原來較接近劇本寫法的對白，刪減稍顯重複的語句等。於此，要特別感謝作者願意放下堅持，給與編輯介入的空間。

視覺設計能提升形象魅力

在奇花異卉競豔的書市，書封視覺常是攫取讀者目光的第一關。臺灣近年在出版裝幀設計上的燦爛成果有目共睹。諸多優秀的設計師與出版社，持續端出教人眼睛一亮的作品，而這也不斷滋養編輯的審美眼光。

將語言文字轉化為圖像元素，透過視覺風格詮釋文學作品，是至為專業的工作。作為文學編輯，為作品尋覓適合的設計師，以產出既能傳達全書意旨，又能在實體與網路平臺上展現魅力，進而與讀者有所連結的封面視覺，常煞費苦心。其間，還包括開本設定、內頁版型、字級行距、裝訂方式、紙張選用，以及印刷品質等諸多細項的確認。也因為分屬不同領域，各有須堅守的層面，文字編輯與美術設計之間常迸發各種「火花」。

二〇一八年，我們推出曾以《好個蹺課天》、《上帝的骰子》等小說擁有諸多鐵粉的小說家郭箏，睽違近二十年的新作《大話山海經》，一系列七冊，我們預計每兩個月出版一冊。當我們與插畫家／設計師阿尼默聯繫時，郭箏甫完成前三冊。然當時阿尼默主動提出一個大膽的概念：呼應《山海經》原典充滿蟲魚鳥獸、奇人怪物的異域色彩，他規畫除了每冊有獨立視覺主體，全七冊亦可以連綴成一類似《清明上河圖》般的長卷。這個提案的大膽，不唯意味著他會將小說中諸多人類妖怪具像化；還在於必須拉出貫穿七冊的視覺主軸，然彼時後四冊的故事都還在小說家的腦袋裡。

關於一本書的裝幀設計，編輯會有多重考量，包括成本預算、閱讀潮流、市場接受度等，而這有時與設計的理念是相悖的。例如我們曾因顧慮《大話山海經：火之音》的主視覺九頭蛇妖會讓部分讀者心生畏懼，而拿著彩樣對親友做小型市調；曾要求《大話山海經：追日神探》的神捕可以更俊帥一點，山膏小豬可以更接近小說中所描述的赭紅色嗎？經歷了約莫一年的拉鋸，我們最終併肩走完了旅程。阿尼默為《大話山海經》完成了一個美麗而深邃的神話宇宙。後來，阿尼默接連以《小輓》、《情批》獲得波隆那拉加茲等大獎，決意專注在個人創作上，此系列成了他最終的書籍裝幀設計作品。

掌握行銷宣傳的核心精神

當Facebook、Instagram、Clubhouse等社群軟體，YouTube、Podcasts等影音串流平臺，以及透過Zoom、Google Meet所舉辦的數位線上活動，成為我們生活裡不可或缺的存在，一、二十年前透過開新書發表會、記者聯訪擴大聲勢，仰賴主流媒體報導並隨即收穫實際成效的時代早已過去。現今，宣傳管道愈益多元，對出版社的挑戰也就愈大。

然而，無論之後行銷宣傳如何應變，掌握住作品的核心精神，釐清與讀者、與時代社會的連結，始終是文學編輯的要務。其中，或可一提兩個貌似微小但能發揮實質作用的細節，一是在新書正式印製出版上市前，針對出版社內部業務行銷部門與書店通路採購的新書提案會議，這可視為與讀者的首度溝通，所謂的試水溫，能藉此重新檢視並及時修正方向，確認目標讀者群。另一則是刊載於網路書店平臺的書籍簡介，這是在讀者初識此部作品的重要媒介之一，亦是編輯推介作品風格特色與內涵意義的機會。

《香江神探福邇，字摩斯》是香港作者莫理斯魔改新編經典推理小說的作品，他挪移故事的時空背景，賦予主角全新身分，同時考據早期香港商埠特色，以史實與虛構交織筆法，刻繪出百餘年前的港島風貌。我們在文案上，除提舉魔改經典與懸疑推理設定上的亮點，也強調作者在小說中所鑲嵌的歷史內容，希冀讓讀者透過小說，對香港歷史背景有進一步的認識，甚至與香港的現實處境相對照。

在書市艱困的現今，作為一名出版編輯，面對的時代課題複雜而強勁。許多時候，編輯是一邊眼望著遠方尚微渺的光亮，一邊低頭在崎嶇顛簸的黑路上摸索前進。沿途，可能領受各種孤獨、焦灼、期待與滿足，也得以試著累積厚度，拉高視野。

不能或忘的是，是那些真摯動人的作者與作品，以及出版線上的諸多前輩同伴們，包括行銷企劃、美術設計、製版印刷、裝訂加工、業務發行，以及買書讀書的朋友等，共同在各環節撐持著，才使一切得以實現。或可以說，大家也都是出版「人格」的一部分，一本書的心臟、血液或髮膚胳臂。這是出版編輯永懷在心的感謝。

倉頡・蔡倫・Adobe

——版型規劃與封面設計

陳　皓

小雅文創總編輯

一、前言

編輯是一門博深浩偉而又鉅細靡遺的學問，也是一個講求精緻的學科與藝術。編輯相傳始於先秦諸子百家之前。司馬遷之《史記》從某種程度而言，可謂表述「編輯」工作之精華；《昭明文選》倡列編選之方法與體例；著名的編年體史書《資治通鑑》詳載盤根錯節的史事，這些都是「編輯史」上重要的著作。

實際上編輯不僅是一門龐雜的學問，也是一個講求專注的工作與藝術，其中並涉及人類史上造紙、印刷、造字等幾大發明。「編輯」一詞如依據李瑞騰〈文藝編輯學導論〉：「『編輯』其實是『輯而後編』，兩個字都是動詞。

從文藝角度來說，所有一切創作文本必須經由編輯，製作成為媒介，然後才能傳播。」[1]換言之，「編輯」乃是經由企劃、採集與析辨，透過科學與藝術性的規劃，進而為文學提供傳播與推廣的一種技術及學問。也就是透過編輯的行為，將文學創作進行改做、整合為可供適於閱讀的載體（譬如報刊、書籍、電子閱讀器等），此即是編輯主要的意涵。

如果從歷史的角度來看，編輯為文學服務也許更明顯優於其他學科，這不僅僅因為歷來許多著名的編輯者，同時與文學有著千絲萬縷的關係；更明確來說，許多編輯者同時具有文學家的雙重身分。因為就編輯而言，文學不僅僅必須忠於文學本身的傳播意義，更應涵納視覺美學的藝術。基於此，筆者認為在編輯實務上就有必要將編輯分成兩個層面來看，其一為廣義的編輯的意義，即前述透過專業的企劃、採集、析辨與有效的規劃來達成文學傳播的目的。其二是以感官的美學為基礎，透過有效與合理的組織，將文學編輯的理想經由版面美學、印製與裝幀工藝，實現在書籍等載體之上。此二者皆名為編輯，但如仔

---

1 李瑞騰：〈文藝編輯學導論〉，收入楊宗翰編：《大編時代：文學、出版與編輯論》（臺北：秀威資訊，二〇二〇年），頁十。

細探討這兩者的差異，實則各自專注於不同的專業——計畫與實踐。但不論就社會現實的位階或是實質歷史成就，兩者在編輯職能的表現也是截然不同。因此，就編輯一詞而言，在現代編輯層級分工與職掌上便有總編輯、副總編輯、主編、執行編輯、助理編輯、文字編輯、美術編輯等，依據不同的工作與商業規模而有別，職掌也各異。在較具規模的文化公司或出版公司，甚至可能有專屬的排版、校對、撰述、插畫設計等。有些編輯者則可能不僅專擅前端的編輯工作，同時兼及後端的版面視覺美學與裝幀工藝之規畫設計。但此一端涉及範圍極為廣泛，非一言能以蔽之。其中也可能有因為商業規模而不得不為的因素。僅就「編輯」一詞，當前的商業與經濟活動中，除了前述文化公司與出版公司，部份新興的文創事業、設計產業涉入編輯與出版傳播者也相當普遍。因此，本文乃試圖立足於文學編輯的實務為範圍，嘗試釐訂編輯排版與裝幀規劃上，關於視覺設計的部分課題。

二、版型設計的藝術

如果要論及近代書刊設計之藝術，活版印刷恐怕是最為接近，同時也是與當代印刷工藝最息息相關的一種印刷工藝。活版印刷與盛行於隋唐的雕版印刷有關，直至宋代畢昇以膠泥發明活字印刷術。活字印刷依材料與形式之不同大致可分為膠泥、木製、金屬、陶瓷等，至十八世紀為西方的鉛字所取代。在編輯排版技術與印刷工藝電腦化的產業革命之前，活版印刷所採用的鉛字一直是書刊編輯上所不可或缺的元素。而欲了解鉛字與版面編輯的關係，則必須明白版面組成的關鍵要素。

（一）版面的構成

在整個書刊被完成的過程中，前段的編輯工作就理論上而言，一般乃聚焦於作品內容企劃、核校、審訂、彙整、編目、落版等工作，理論上可以不需要處理版面構成的問題（但這當然也並非全然）。這部份屬於後段美術編輯與排版所關注的課題。

要談版面的構成，實際上又與紙張的製造有不可分離的關係。一般書刊尺寸的制定係以紙張大小為初始依據，譬如常見的十六開書籍（190 × 260 mm），即是全開紙張的十六分之一，在最符合經濟效益的狀態下，經編輯、印刷、裝訂裁製而成。一個優秀的編輯或者書籍設計者，除了基本的設計技能、美學素養，還需對紙張、印刷技術及印刷後加工的特殊工藝有一定程度了解。即以紙張而言，大致可分為A版（1189 × 841 mm）、B版（1414 ×1000 mm）、C版（1297 × 917 mm）等幾種，不同紙廠產出的紙張規格也會些許不同。其中A版也稱菊版、B版又稱四六版。文學類書籍常見的尺寸則大概有以下幾種：（如圖一）

1. A版32開（105 × 148 mm），也稱為文庫本，盛行於日本出版市場，有方便攜帶的特性。
2. B版32開（130 × 190 mm），常見於詩集，尺寸略大於文庫本。
3. A版16開（148 × 210 mm），是最常見使用最為廣泛的書籍開本，業界也稱為為菊16開或25開。
4. B版16開（190 × 260 mm），屬於較大開本書籍，常用於攝影集、畫冊等。

以上為文學類型書刊常見的開本尺寸，但在講求創意的裝幀與版型設計上，也常見在制式的開本尺寸中，改變寬高比例使之呈現較為特殊的風格，稱

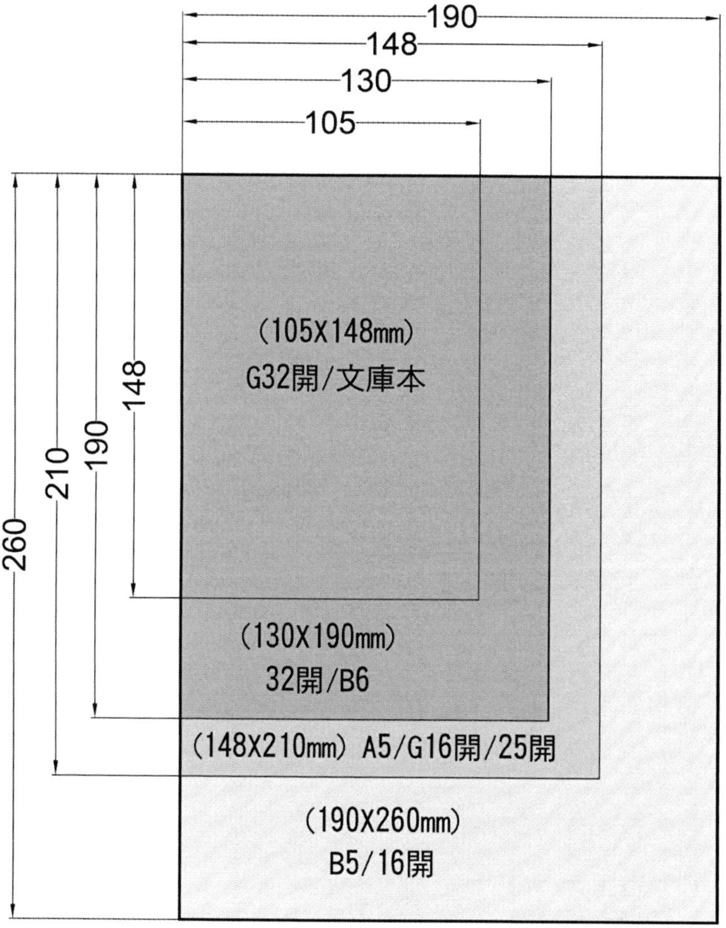
190
148
130
105
148
190
210
260
(105X148mm)
G32開/文庫本
(130X190mm)
32開/B6
(148X210mm) A5/G16開/25開
(190X260mm)
B5/16開

圖一　常見書籍開數尺寸

為「變型」開本。

實務上不管使用何種開本，版型的設計乃是基於前述各種尺寸，限縮在一定範圍內對版面進行有條件的規劃。同時，版型的規畫並不是單一的書刊設計行為，還必須兼顧書籍的適讀性與裝幀設計等層面。因此，版型也是書籍整體設計中相當重要的一環。

一個完整的版型規劃配置，通常包含版心、邊界留白、資訊區等三個主要部分。如（圖二）所示，最外側的虛線為完稿所需範圍，一般稱為「出血線」。當版面上有圖片、線條、色塊、圖案等元素需進行滿版設計時，即需以出血線為製稿範圍；內圈的實線為實際完成後的裁切界線，中間灰色部分稱為「版心」，也是我們文本真正排版的範圍；上下兩個區塊則為資訊區，用來標示書名、篇名與頁碼等相關資訊。

在版型的規劃上，版心的適讀性與文字的規格、行距、字距有很大關係。版面上的「頁碼」，傳統的做法通常置於版面底部的左右兩端，或分置頂端與左右兩側，視書刊的翻頁方式與編輯者個人偏好而定；書眉（也稱頁眉）如同頁碼常見分列版面上方，用以顯示書名或篇名等資訊。除了前述，頁碼與書眉

圖二　版型規劃的主要元素

在基於良好的閱讀與創意表現，也常常以文字或圖像化的方式合併設計，讓版面風格更為通透。一個適切與富創意的版型設定，往往取決設計者的編輯經驗與美學素養。過小的內外邊界容易產生「溢版」、「夾脊」與視覺的壓迫感。等距的頂部與底部（也稱天地邊），雖然具有穩重的效果，但就版面美感而言則較為中規中矩，適當的變形處理有時反而具有意想不到空間通透感與創意。在刻意拉大頂部與底部的間距，將版心作不對稱的變形，可使版型規劃更具彈性與變化。

在一本書籍的版型規劃實際上有無限的可能，不僅是以上所提列的部分，這也有賴編輯與書籍設計者在版面規劃上去做突破與發想。譬如筆者在設計《空間筆記》一書時，選擇了其中十三篇，特別撰述寫作故事加入二維條碼中，讀者以手機ＡＰＰ掃描即可取得該隱藏版的內容。另外，在頁碼的呈現上則刻意放大將之圖像化。這些都是以版面的創意發想為基礎，在既定的版面架構中去做改變，讓文學閱讀有不同的感官樂趣。

（二）字型與字體

文字是文學類書籍中最主要的元素，也是版型構成中的主角，選擇一個良好而適於閱讀的字體，往往能更有效傳達編輯理念與美學表現。但是，字型與字體是經常容易被混淆的兩個元素，實際上二者各自代表著不同的意義與內涵。「字體排印學」（Typography）[2]中對於活字的字體在版面上的應用有縝密的規劃。「字型」一詞最早則是源自於鉛字，泛指為同一字體且同一尺寸。嚴格來說，當前所謂的字型，是數位化的產物。字體則是另一門精湛的工藝，將文字依據形象布局與設計，在一定的範圍中做最合理與完美的呈現。字體的設計，是在一定的框架範圍內，針對知性的藝術做系統化的解構與重新配置。在編輯排版的實際應用上，為我們所理解的通常是字體而非字型。譬如我們閱讀一本書刊時，可以輕易地指稱版面上所使用的是何種字體，如細明體、

2 「字體排印學」（Typography）是編輯作業電腦化以前，印刷排版上一種專門的技術與學問，以字體排印師或排印員，針對活字的字體、欄目、間距做縝密的規劃安排。與排版編輯系統電腦化後，以字體、字型針對版面形式、段落、字體空隙與字距等進行設計有很大不同。

標楷體、仿宋體等，但卻很少會說某某字型，這正是這兩者的不同。同時，在鉛字活版印刷中，對字體的尺寸也有嚴格的定義。如以鉛字排版系統來說，大致分為以「號數」作為定義，以及「點制」（American Point）二種。這兩種定義方式目前各有擁護者，呈現兩個系統並存的狀態，尤其在編輯作業數位化之後更是如此。在活版印刷所使用的鉛字大致依序由初號至八號共有九種尺寸，但這並不是業界的統一標準，每一廠商間容或還是有部分的差異。其中因應實際使用與產業的變化，又在最常用的標準中衍生其他新的「變號」，譬如「新五號」、「新六號」等，也是早期報紙常使用的鉛字規格。

欲從活版鉛字的演變，理解字體與數位化後編輯排版系統之間的關係，我們就不得不深入探究pt、px、dpi這幾個常見單位的不同。因為數位化後各種軟體仰賴以螢幕做為顯示載具，而顯示器的呈現方式則是以解析度（dpi）為單位。在Windows與Apple這兩個主要的電腦系統中，顯示器的預設值並不相同，兩者分別為96dpi與72dpi。當鉛字轉換至電腦系統中，各種字體顯示的尺寸則不再是以傳統上我們所稱的「號數」，而是點數（pt）或者畫素（px）。pt（Point）是一種物理的長度單位，約略等於1/72英寸或0.35毫米。

px（Pixel）則稱為畫素，是一種計算機系統數字化的虛擬圖像長度單位，但它不是一個絕對值。如果要將px換算成物理長度，需要定義範圍指定其精確度。因此我們從pt的定義中換算：1pt = 1/72英寸，同時1px = 1/dpi（英寸），以Windows系統的96dpi與Apple系統的72dpi解析度來計算可以得到一個公式：

pt = px * 72÷96 = px * 3 / 4

根據以上公式換算pt、px與dpi（em）將活版鉛字轉換為數位系統之後，大致可規格如下：

鉛字號數	Point（點）	Pixel（像數）	Em
初號	42pt	56px	3.5em
一號	26pt	35px	2.2em
二號	21pt	28px	1.75em
三號	15pt	21px	1.3em
四號	14pt	19px	1.2em
-	12pt	16px	1em
五號	10.5pt	14px	0.875em
新五號	9pt	12px	0.75em
六號	7.5pt	10px	0.625em
七號	5.5pt	7px	0.4375em
八號	5pt	6px	0.375em

由上表可以看出活字排版常使用的新五號為 9pt 大約等同 12px，一般書刊常用的五號字的 10.5pt 則為 14px，至於眾多軟體如 WORD 等預設的 12pt（16px）則是介於四號與五號之間。此外不同字體在視覺上顯現的效果也不一樣，譬如相同號數的明體與楷體在版面上呈現出來的視覺尺寸就截然不同。因此，我們常見的內文使用明體與引文採用楷體，標題則以筆畫較粗的黑體來搭配。另外，風格優雅的仿宋體也曾風行一時，為許多文學書籍爭相採用（尤其是詩集），這都是版面設計上顯著的例子。實際上，關於字體的故事不勝枚舉，字體也經常在書刊的版型規劃上扮演極為重要角色，甚至影響社會經濟行為，譬如在文創商品上被廣泛採用的「康熙字典體」，即曾因被視為使用氾濫而被發起抵制。但字體做為書刊編輯上最重要的元素之一，自然有其必須的構成條件。

除了前述字型、字體與尺寸大小變化對版面美學的影響，字距與行距也扮演著不可忽視的因素。字體的尺寸在書籍排版上乃由點數（pt）所構成，而 1pt 實際上大約等於 0.352 mm，因此要獲得一個理想與舒適的閱讀版面，就必須在有效的物理度量中尋找出合理的數據。什麼是適合閱讀的版面環境？合宜的版型規劃、適合閱讀的字體大小、合理的行字距，是整個版型設計上最重要的因

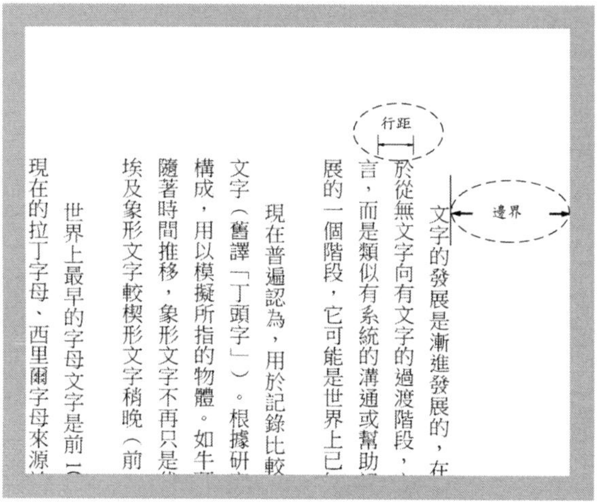
行距
邊界
文字的發展是漸進發展的，在
於從無文字向有文字的過渡階段，
言，而是類似有系統的溝通或幫助
展的一個階段，它可能是世界上已
現在普遍認為，用於記錄比較
文字（舊譯「丁頭字」）。根據研
構成，用以模擬所指的物體。如牛
隨著時間推移，象形文字不再只是
埃及象形文字較楔形文字稍晚（前
世界上最早的字母文字是前
現在的拉丁字母、西里爾字母來源

圖三　版面的行距是由字元加上空行

素。雖然目前多數軟體預設字體尺寸為 12pt，但就學理上而言，以眼睛與書刊的閱讀距離來說，較適於閱讀又兼具美觀特性的字體尺寸，反而是對應於 10pt～12pt 之間。而行距的設定也因為數位系統中，所謂行距並不是以字元寬度為計算基礎，而是要加上空白的部分（如圖三所示），所以合理的行距應該是以字體 pt 值的 1.5～2 倍為原則。譬如一個設定為五號字（10.5pt）的內文，理想的行距如果取其中間值的 1.75 倍來計算，則行距應設定為 18pt。至於標準值應該是多少則仍應視整體版型規劃的美學依據來決定。書籍開數、邊界尺寸、頁碼與書眉的設計、字體的選擇、字距與行距、段落樣式，這些元素構成就決定書籍版面的整體樣貌與風格。

三、裝幀的藝術

裝幀，是將書籍的風格、樣式、設計以及書籍的其他構成，整合為一整體的視覺與實用的藝術。雖然說版型的規劃與設計成功與否，是整個書刊編輯中相當重要的一環。但是在書籍的架構中，裝幀與封面設計卻是最能影響一本書成敗的部分，也是一本書籍主要的視覺設計理念與精神之所在。裝幀作為書籍結構中最為決定性的因素，其中包含兩大要素：封面與裝訂（裝幀）。而決定書籍的裝訂方式除了書籍的文本與內頁的版型設計，紙張的擇定亦直接影響封面的構成。

在一個完整的編輯作業流程中，必須依文本的內容，經由版型規畫、落版配置等程序，縝密的計算出書冊頁數，通常一本書的總頁數必須是八的倍數，因為在印刷與裝訂的過程中，必須計算出合理的印刷與裝訂的「台數」。一般而言台數可分為印刷台數與裝訂台數。所謂台數係指以數張全開的紙張去摺疊組成為一本書冊的基本組成單位，譬如一本16開的書籍，就是以一張全開紙經過四次折疊而成為32頁之數，因為摺紙倍數為書籍印刷版型規畫與裝訂的基礎，因此一本書籍內頁的構成必須為八的倍數。

在現今的印刷工藝中，裝幀設計時必須考慮以下幾個重要的因素：（一）符合為八的倍數之內頁頁數。（二）內頁、扉頁與封面紙張厚度。（三）裝訂方式：一般有膠裝、PUR膠裝、穿線膠裝、硬殼精裝、軟精裝、裸背精裝、經摺裝等。其中PUR膠裝是因應一般膠裝，在未穿線裝訂狀況下容易產生脫頁現象，所衍生的加工方式。在上述的裝訂條件的設定基礎下，我們才能據以做為封面設計的規範。一個平裝本的封面設計中，基本會包含封面、封底、摺口、書背（書脊）等四個部分（如圖四），有部分的書籍封面會以書衣的方式設計，採用書衣設計時會有視覺外擴的效果，讓書籍比實際尺寸更顯得厚實。另外有些還會因應特殊需求加上書腰、滑套、書盒，譬如廣告傳播或特別的文案需求等。在計算一個封面設計完稿所需規格時，必須包含封面與封底（即書籍的開本寬高）；書背則必須計算內頁頁數、扉頁（蝴蝶頁）、封面等紙張厚度；摺口寬度則要另外考量紙張的最大尺寸與可印刷面積。這些

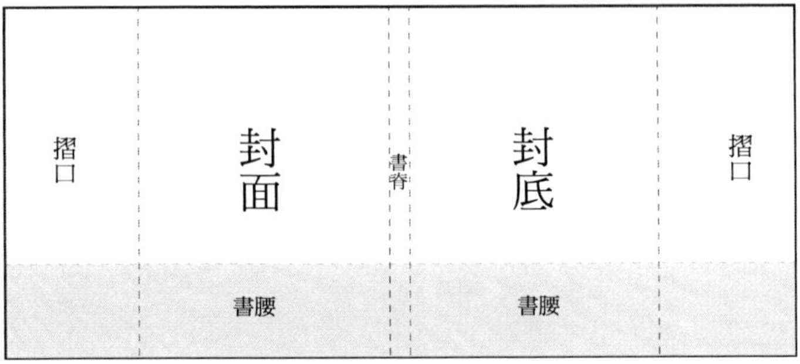

圖四　封面設計的版面規劃

的總和即是做為封面設計完稿的尺寸。假設一本25開240頁的書籍，內頁採用80磅畫刊紙，封面為240磅美術紙，合理的封面設計規格則應為：寬〔出血3 mm＋左摺口80 mm＋封面寬148 mm＋書背寬14 mm（240頁÷2×紙張厚度）＋封底寬148 mm＋右摺口80 mm＋出血3 mm〕，高〔出血3 mm＋封面高210 mm＋出血3 mm〕。這是平裝書籍計算方式，如果是精裝書則應在上列尺寸的寬高各再增加20～30 mm。以上這些只是一個裝幀設計中的基本需求。有些編輯者還會在此基礎上，因應不同的創意，在紙張與印刷特技上做不同的表現。一些特殊的紙張往往帶來不同的視覺效果。譬如一幅具有奇幻風格的封面插畫，在使用銅版紙、水彩紙或珠光紙所呈現的效果就截然不同。不同的紙張在後加工的選擇也有不同的限制，某些紋理比較深的紙張就不適合燙金、上光等後製工藝。

由上列說明可以理解，書籍裝幀是一個精細而專門的工藝，涉及層面極為廣泛，譬如書背的寬度的計算，不僅牽涉版型與與落版計畫，還必須具備對紙張特性與知識有深刻的認識。相同磅數的紙張不一定有相同的厚度，這與抄紙的工序及紙張製作的工藝有關。因此，這種情形下往往紙張「條數」反而影響書籍的裝幀設計。「條」是一種度量單位，常用於工業精密測量，也常作為紙張厚度測量的標準。1條約略等於0.01毫米（mm）。相同磅數的道林紙與嵩厚紙在厚度上可以有20％的差距，這差距在方面設計時就直接影響了書背的尺寸。但是要如何瞭解每一種紙張確切厚度呢？一般書籍編輯與設計者多數仰賴紙品製造者提供數據；另一種方式則是以精密的「厚度儀」度量紙張正確條數，以作為書籍與封面設計的依據。此外各種裝訂方式所涉及的裝幀工藝，也須有一定程度的了解。每一項都牽涉不同的專業。譬如盛行於唐代晚期的經摺裝，被大量運用於佛教經典，同時也是中國書籍的裝幀工藝，由早期的「卷軸裝」轉向「葉裝」的起點。另外，因應當前文創風氣的興起，原本以功能性為主可一百八十度平攤開的裸背穿線精裝書，則因其特殊性往往產生更大的吸睛效果，但其缺點則是需要有很好的使用與保存方式，否則往往有產生變形的情況，這也是設計上需要更多專業的考量。

前述是書籍裝幀設計中與實際產製工藝最為相關的範疇，在實務上仍有諸多值得深入考量的部分。封面作為一本書籍的主視覺，畫面如何忠實地呈現書籍理念的傳達？一個唯美的書寫風格與社會寫實的文本，在編輯理念與主視覺的創意發想上，應該要有不同的思考方向。不同的文類，不同的書寫主題，不同的風格都應有相異的發想取徑。譬如《空間筆記》一書的規劃，我們首先思考的是面對一本抒情與知性兼具詩集，應該以怎樣的開本來呈現才最合宜？在封面設計上，怎樣將作者空間設計的專業與現代詩結合？如何將空間設計中的元素適切的融入詩集的封面構成？因此有了清水模、和風手感紙與三點透視的構圖；有了採擷空間設計中現代主義與新古典的元素；隱藏門的視覺意象結合鏤雕的文字表現，以此發想出短摺口的雙書封設計（如圖五）。在這些元素中如何讓設計與詩的意象做最完美的結合？這些都是我們在設計階段發想的課題。實際上，這也是一本書籍誕生過程中最重要的部分。封面與裝幀設計如何搶占讀者的目光，成為編輯

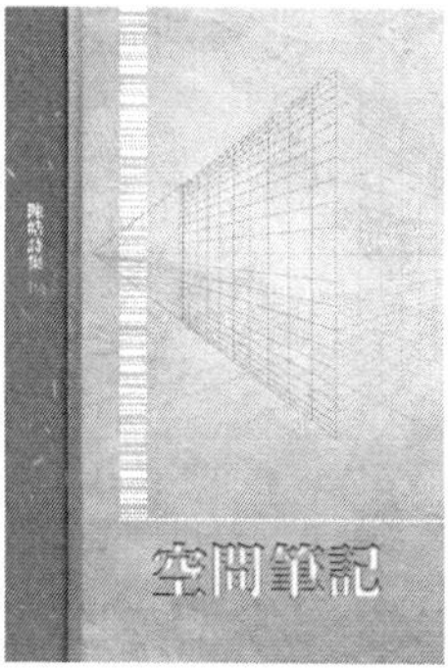

圖五　《空間筆記》封面

過程中亟需思考的功課。當我們欲聚焦於文學書籍的編輯與設計，文學編輯該有不同於其他書籍的視野，因此，在一冊書籍以理念發想為出發，強調質地、手感、溫度、風格、創意，基於傳播的目的，為文學提供更具適閱性的載體。更重要的是，如果文學編輯要在廣袤的書海中，凸顯獨立完整而又特出的一面，甚至成為一種專門的藝術或學說，則必需讓這些作品具備精緻、溫度與創意的美學。這點從近來許多獨立出版與個別創作者所設計的文學書，尤其是在詩集的企劃與出版上可看出端倪。包括徐珮芬《我只擔心雨會不會一直下到明天早上》、夏宇《脊椎之軸》[3]、追奇《結痂》、朱菲《一定曾經有狂喜　才讓追

[3] 夏宇《脊椎之軸》為「二〇二一臺灣出版設計大獎」金獎作品。

圖六　朱菲《一定曾經有狂喜　才讓追逐深深寫進基因裡》封面

逐深深寫進基因裡》（如圖六）。這些書共同的特點是，在字體的選擇回歸到初始的純粹樣貌，沒有過多花俏的裝飾；反而聚焦在更精細版型的規劃、不落俗套的封面設計、勇於嘗試與開發不同裝幀創意。當中我們看到書口燙刷、拼貼、局部打凸等後製工藝的呈現，讓詩集具備更加精緻的風格與質感。基於此，不論我們認為文學書該以何種裝幀方式來表現，編輯者在從事書刊編輯規畫，從文本彙編、版型規畫到裝幀與封面視覺設計，最重要的仍需在一個整體的編輯美學的架構下作為極大化的考量。因為，一本書籍所涵納的，不論是最基礎的版面設計到字體、紙張、印刷、裝幀等極致精細的工藝，最終作為文藝與知識的載體，每一冊書刊都是編輯者基於美學與理念最完美而深刻的體現。

完稿還沒完，編輯其實管很多

——提報・看印・宣傳

廖之韻

奇異果文創總編輯，曾任多家出版社與雜誌主編

從前從前有一本書被印了出來，送到書店，然後讀者付錢買回家，從此以後過著幸福快樂的日子——這是童話故事！而且是每一位出版人都想如此簡單而美好的童話故事。

事實上，一本書能到讀者手裡，中間過程雖不一定離奇，但曲曲折折總是有的，甚至從作者還沒交稿前就開始了。

在出版市場中，應該要先記住的就是「市場」這兩個字。雖然書（尤其是文學書）是精神食糧，給人的感覺好似不食人間煙火，但「能吃嗎？」真的很重要！也就是說，一般的商業出版不只是把書印好再配送到書店就完事，而怎麼把書賣出去，讓這本書帶來獲利能養活員工、作者、合作人員等等，更是一

件重要的考量。

就算口袋很深可以盡情任性不在意是否賺錢，但既然印製了一本書且公開發行，應該也不想這本書就這樣消失在茫茫書海中，甚至連書店都不想進貨吧！

所以，一本書如何從排版完稿後，再到讀者購買、收藏，是整個出版鏈中很重要的一部分，簡單來說包含了完稿後的印製與行銷，也就是把書做最後的化妝打扮，讓書一方面成為理想的樣子，另一方面也能受歡迎。

然而，印刷與行銷看似是一本書上臺前的最後定妝，但往往從最初就開始了，而且兩者也常有密切關係。那麼，誰來負責這些事情？有些出版商在公司體制內就有印務人員、行銷人員的編制，有些出版商則只有其中一項編制或都由編輯負責。然而，無論有多龐大的人員編制，與一本書關係最緊密的編輯，或多或少都接觸到印製與行銷，甚至再嚴格或講究一點，可能就是現在出版業常聽到「編輯要懂行銷」、「編輯要具備行銷概念」之類的要求。這樣的要求有人想成是讓編輯做更多工作、剝削編輯，但換一個角度思考，如果編輯缺乏行銷認知，又如何規畫出一本能在愈來愈緊縮的出版市場中「能吃」的書呢？

印務也是。儘管有可信賴的美術設計、印務人員等，但一本書的「長相」

往往又跟書的內容、行銷等息息相關，這些都是編輯在編書時該處理的，或者，至少該放在心上的。所以接下來，我們的焦點將放在編輯常參與的印務與行銷活動：新書提報、美編完稿後的印刷看印、宣傳。

提報：讓通路認識你的書

通常在新書上市前一個月或更早，會有「新書提報」這樣的流程，參加者為通路、出版社、經銷商（如果出版社跟通路直往，就不會透過經銷商）。「新書提報」或又稱為「新書報品」，簡單而言就是向通路推銷新書以及各種合作可能，這也影響到一本書最初的「命運」。

書從出版社印製完成並且發出去後，並不是每個通路都會陳列、販售，也不是每個通路都鄭重其事地看待每一本書。如同其他商品的銷售邏輯，若一開始你的顧客連你有新商品（新書）都不知道，那又有誰會去買呢？書也是一樣。通路的陳列空間有限，就算網路書店的首頁露出也就那幾張banner而已，新書上市能否一開始就「搶到好位置」而增加曝光度，也是出版社在意或想要跟通路爭取的。

有時候，也可以跟通路要求特殊陳列；可能是一項合作計畫，也可能直接花錢買陳列加店頭大型文宣廣告。

陳列位置也關係到通路的進貨量多寡。如果通路對這本書不感興趣或覺得不會暢銷，當然其進貨量就不會多，而進貨量不多也就不可能在陳列架上有大量且顯眼的堆疊。相對的，如果通路決定要在實體商店大量陳列時，在初次進貨時也會進比較多的量。這些也都關係到新書的初次印量多寡。

如果還要舉辦其他行銷活動，在新書提報時也可一併提出。

一般而言，通路端來聽新書提報的主要為「採購」人員，有的通路還加上「企劃」人員一起。可以說，採購是通路端的新書把關者，也決定了通路一開始要跟出版社進多少本書來販售。企劃則考量是否要在他們家通路做該本書的特別活動，或是本來預計規劃的活動有沒什麼適合該本新書的。

出版社參加提報的多為「編輯」人員以及「行銷」人員，有時候兩者都參加，有時候則只有其一參加。

新書提報時，出版社通常向通路介紹該書籍內容、作者背景、封面（已完成或預計樣式）、名人推薦、預計宣傳活動，以及該書亮點或賣點等等。

最好的狀況是編輯和行銷一起去跟通路提報。編輯負責介紹書的內容和看點、作者背景、書籍設計等等，行銷則介紹預計搭配的宣傳方案。

編輯可說是最了解他所負責的書的人，如果由編輯來介紹書內容並且回答通路採購的提問，理論上會比行銷來得深入。但是，通常習慣在「後臺」的編輯，並不是都善於言語表達或推銷自家產品，甚至還得承受通路採購當面的「興趣缺缺」、「沒反應」或「委婉拒絕」等反應，以及能臨場迅速回答通路採購的各樣問題。有時候，這也讓許多編輯感到挫折，想著自己辛苦製作的書，似乎在通路採購眼中不怎麼樣，難免心中飄過一片烏雲。或是自我檢討：「剛剛提報時是不是哪裡講得不好？重點都說了嗎？我覺得這本書很有趣、很厲害的地方，為什麼採購都沒反應？」接下來，不是自我懷疑就是生氣通路採購不懂欣賞，也只能摸摸鼻子，下次再來！

相對的，也有即將出版的新書讓通路採購愛不釋手，或是很符合該通路的經營方向，則會獲得較多青睞，也能談到較多宣傳活動。

有時候，通路採購也會對即將出版的新書給予建議，像是封面設計、推薦人，或以該通路為主要銷售點的話要如何調整等等，甚至不同通路採購有不同的建議。這時候就是編輯的取捨了，例如：要不要為了某大通路而改變書籍風格？

大部分通路採購的建議是良善且有建設性的，但也有少數讓出版社提報人員回去後罵聲連連。

舉個例子：曾經有一本書在提報時被某知名書店的高姿態採購嫌棄：「這個封面不是我們家的風格。」然後，似乎一切無須再多談了。當時去提報的編輯內心氣得冒煙，表面上仍維持和氣說會再考慮調整，但從此以後，這位編輯提到該通路必先說上幾句不開心的話，也不怎麼喜歡去新書提報了。這大概也可以算是編輯這一行的創傷之一吧！

當然，也有編輯跟通路採購提報時宛如遇到知音，彼此碰撞出更美好的火花。比如我們公司「奇異果文創」的出版品中，一大特色是跟動漫文化研究相關的科普類書籍以及具臺灣元素的故事與小說，而剛好有一陣子網路書店「讀冊生活」負責我們的通路採購本身也對這些很有興趣，所以每次提報時，都相談甚歡，充滿了正能量，也在該通路得到不錯的銷售成績。

編輯的新書提報練習

大學生來「奇異果文創」實習時，我們一定要求他們做的事情就是提報練習。這是認識一本書的最快方法——你得熟悉書籍內容、查詢相關背景資料、觀察書籍設計裝幀、找出書籍特色和重點，以及發想行銷宣傳活動。

我們讓實習生選一本奇異果文創已經出版的書籍，給他們幾天時間閱讀與準備，讓他們扮演提報者的角色來向我們扮演的通路採購提報。實習生通常不會第一次提報就成功，往往需要經過「修正－再提報」的幾次循環，才能精確抓住書籍重點、特色，以及行銷亮點。

這也是編輯去跟通路採購提報時除了介紹書籍內容外，最好能再具備的「技能」。另外，則是口語表達的能力，以及整體呈現的氣氛了。

通常新書提報時，每間出版社差不多十五～三十分鐘，如何在時間內連行銷活動都和通路採購討論完，又不會過短而讓人覺得這本書缺乏內容，是第一要件。有些編輯的文字能力很好，但口語表達能力則差強人意，這時候若有行銷在旁輔助是最好不過，但在沒那麼多編制的小出版社或剛好那天行銷人員缺席，就得靠編輯一個人了。

此外，若在提報時能表現出對這本書的熱情，讓通路採購認為你和你們出版社很重視這本書，也可能讓通路採購因此多下幾本的量——如果這是出版社主推的書，必定會花比較多資源宣傳，或許就能推動銷量，那麼初次下單的量多一點應該也可以吧！

如果只有出版社的行銷人員去跟通路採購提報，除非這名行銷人員很熟悉書籍內容（或是能空口白話地說服人），不然行銷人員通常一人要負責好幾本書，難免沒那麼深入書籍內容或者少了些該書資訊。當然，也有些出版社只派行銷人員去做新書提報的。

看印：顏色永遠跟電腦或打樣不一樣

新書提報後直到新書上市前，編輯還有另一項重要工作，就是安排美編完稿和送印了。

如何跟美編完稿，可參考本書中陳皓的文章，這裡就不再說明了，我們在此關心的是通常非同業人員可能較易忽略的「看印」問題。

看印，就是連樣稿都確認沒問題後，實際上機印刷時，去印刷廠看印出來的東西有無印刷瑕疵，並且微調顏色。

如果上機後，一切可以交給印刷廠就好了吧！——確實，有些時候，如果印刷廠的品質良好而穩定，也遇到可以攬下大小印務事情的印刷廠業務，那麼最後實際上機印刷時，出版社的人員（無論是編輯或印務）可以省點心力，不一定非得親自去看印。尤其是一般的白底黑字書籍，若封面也沒做得太特別，而所謂的「網花」等印製問題，通常印刷師傅也會注意，編輯就省了看印這一步驟。

然而，若是彩色書籍、雜誌，或特殊設計的書籍，則非常需要看印了，不然印刷師傅調的黑色和你理想中的黑色可能不太一樣；有時候就差了那麼一點點，卻呈現出不同的視覺效果。

通常印刷師傅依照打樣顏色來調色，可是一來打樣用紙有時候和實際印刷用紙不同，二來現在打樣都是數位樣，和最後的開版印刷上機印製方式也不一樣，難免實際印出來的會和數位樣有些差異。這差異往往不大，有時候也只是鮮豔銳利一點或柔和一點的問題；若在意的話，就得親自去看印並當場決定要往哪裡偏一點了。

有時候，不只編輯看印，美術設計／美編也跟著一起來。我第一次看印時，就是資深美編帶著去的。說實話，如果缺乏有經驗的人指導，還真的不知道看印要看什麼，也不知道打樣都確認了還會出什麼問題。

我記憶比較深刻的看印經驗是曾經在某國際中文版的時尚流行雜誌當執行編輯時。那時候的紙本雜誌依然暢銷，頁數厚得讓整本雜誌可以拿來當凶器，想當然那麼多的頁數和印量，也就得花更長的印製時間，而印刷廠更是二十四小時輪班趕印這份雜誌，所以我也會在三更半夜看印——凌晨二點，印刷廠打電話通知準備好了，我就從家裡出發過去印刷廠看印；看完一台再等下一台，就這樣在印刷廠看印到天亮。

現在的編輯作業通常沒那麼辛苦了，但看印依然得等。如果書的頁數多，整個看印時間相對就長，常常一天就這樣過去了。

有些印刷廠備有看印休息（等待）室，甚至還準備了飲料、零食，而小規模的印刷廠則沒準備那麼多，約莫就是弄個桌椅讓人坐。

對長期坐辦公室的編輯而言，偶爾外出看印，其實也滿有趣的。記得曾有位跟我一起看印的美編，在那個沒有智慧手機的年代，就跟印刷廠借了臺電腦，在等待時打起了連線遊戲。但也有編輯很討厭看印的，尤其不喜歡印刷廠特有的油墨味道或下一本書的出版死線到了但還沒做完，可能就覺得看印是種酷刑了。

編輯看印雖然可有可無，但在力求完美的狀況下，儘管有印務或印刷廠業務，編輯依然親力親為——畢竟，編輯是最了解一本書最後該呈現什麼模樣的人了。

宣傳：編輯繼續與作者並肩作戰

要求編輯去提報，大概多數編輯不會拒絕，但編輯也要管宣傳，有些編輯可能就覺得不是他的事了。當然，術業有專攻，宣傳的事交給行銷來做應該更有效果。

但是，我認為編輯也該多少了解新書的宣傳活動，一是能觀察宣傳活動的讀者反應，二是可以「陪伴」作者。

一本書上發行後，除了看銷量數字、書評、名人分享等等，讀者是否熱衷這本書，也能讓編輯評估之後相關類型的書籍該如何製作。

如果從未以編輯身分參與新書宣傳活動，強烈建議至少要參加一次，才能了解宣傳的實際狀況。如此一來，往後在編輯新書時也能考慮到所謂的行銷宣傳面向，對一本書其實有加分效果。

另外，更實際的一點，編輯參加宣傳活動也是讓作者感到安心、受重視，以及增進跟作者的關係。以常見的新書分享會（簽書會、座談、對談）為例，如果是新人作家的第一本書，編輯的陪伴就十分重要。雖然有行銷宣傳人員，但在一本書上市前跟作者關係最緊密的就是編輯了，如果能有相熟的編輯一起出席，多少能減緩新人作家第一次面對讀者的緊張感，甚至有時候還能上臺幫新人作家一把，避免冷場。

通常就算不是新人作家，一本書的第一場實體分享會，我一定會出席，理由大致如上面所述。另外，以我在別家出版社「當作者」的經驗，在新書的第一場分享會上，如果一路相陪的編輯也能一起在現場，我的狀況和整體氣氛確實也比較好呢！

編輯出席實體新書分享會還有一個重要功能——假裝觀眾。當行銷宣傳忙著現場布置、檢查設備等安排其他事情時，在一旁的編輯除了安定作者心情，以及跟在場人們社交外，在活動開始前選個可以讓人看到但又不擋住動線的位子坐下，也是「導引」與「暗示」現場讀者趕快入座的方式；畢竟，有時候人們不好意思當第一個入座的人吧！

除了新書分享會，通常宣傳活動還包含網路宣傳、媒體宣傳、文宣海報，以及現在的各式各樣社群媒體等等。這些宣傳活動，有時候需要最熟悉該書的編輯的文字支援，寫出迷人或有深度的文案，讓整體宣傳更加分。

現在網路社群發達的自媒體時代，編輯以自己帳號宣傳新書逐漸成為常態，甚至也能經營出編輯自己的特色，帶來流量。

無論是貼文或線上直播，編輯怎麼樣都是從「後臺」走向舞臺上了。

不只是小編，主編與總編輯也會提報、看印和宣傳

上述提到的提報、看印、宣傳，除了一本書的執行編輯可能會做這些事外，主編或總編輯等這些主管級編輯也往往親自參與其中。不是出版社沒其他人了，而是主編或總編輯愈重視這本書，也愈是每個細節都想盡善盡美，更

遑論還實際牽涉到銷量問題、維繫暢銷作者等等，則更是主管級編輯需要擔心的。

比如某大通路採購，只要見到我們公司的兩位「總」字輩的人一起去提報，他必會露出了然於心的微笑，說：「今天你們都來了，這本書一定很重要！」

有時候，在通路提報的現場，也會見到其他出版社（不論規模大小）的總編輯、主編等人，也跟著行銷企劃人員一起來向通路採購提報。

當然，也有總編輯或主編跟著去看印、跟著跑宣傳活動，或是乾脆成為宣傳活動的一部分——跟作者一起對談新書。

這些在出版業中都不是什麼新鮮事，也絕非小出版社才有的，只不過小出版社的編輯勢必得多做一些事情。

編輯除了管編輯臺還得管到印務、行銷等等，有人認為超過職務範圍，有人則認為這樣很好，可以多學一些東西並且多照看自己負責的書。要成為什麼樣的編輯以及在何種出版社工作，則就是個人選擇了。

出版社工作環境與組織經營

陳　謙

國立臺北教育大學語創系助理教授，曾任多家文化事業專業經理人兼總編輯

一、出版是一項迷人的文化產業

二〇一四年日劇《重版出來》，原著為日本漫畫家松田奈緒子創作的日本漫畫作品。根據維基資料編輯，最早是從：小學館發行的漫畫雜誌《月刊Big Comic Spirits》二〇一二年十一月號開始連載。它曾榮獲「日本經濟新聞工作漫畫類」第一名、「THE BEST MANGA最該閱讀的漫畫」二〇一四年第二名等多項大獎。

故事以漫畫雜誌出版社的編輯部為舞臺。擔任新人漫畫編輯的日本退役柔道國手黑澤心，為支持有心出道的漫畫家，結合出版業界的「營業、宣傳、製版、印刷、設計、出版、銷售」等環節，劇中對漫畫自原稿至出版最終至上市的過程有完整描述，是當代電視劇當中對出版描述得最為貼近的一齣電視劇。

劇情裡詳述作者／編輯／讀者／行銷人員／書店店員等諸多人物面向，對照我二十幾年來實際的出版工作經驗，我給其五顆星高分的評價，只能讚嘆日本劇作家田調精神十足，人物職場專責項目了解得十分透澈。

當然不只這部電視劇主人翁角色設定為主角，其他如愛奇藝出品的陸劇《月光變奏曲》女主角初禮從小編蛻變為王牌編輯，韓劇《月刊家》裡的雜誌編輯羅英媛與高富帥的出版社社長大談戀愛，這些都是二〇二〇到二〇二一這兩年間可隨機取樣的劇目。

劇作家為什麼偏好人物設定女主角為編輯呢？大致是對於這個行業有著基本認識並摻雜一般閱聽人對編輯這工作的想像。這麼說好了，一個大學新鮮人初出社會，如果他有著對於文字閱讀或書寫的美好想像，那麼最接近的文化事業又兼具文字工作的類型，大概就是出版編輯了。也就是說喜好文字創意的劇作家對於編輯出版這工作並不陌生，加上社會對編輯工作有其文化事業的「氣質」觀感，所以人物設定上一直不乏編輯，尤其是女主角。

好了，先來簡述出版編輯這份有氣質的行業，從事那一些內容，並要具備那三項條件呢。

1、年輕的肝與學習的心

出版社工作是一項焦慮且需要細心的事業，原因是不管你在出版的那一環節，都必須隨時品管你目前的製程。臺灣出版社由於維持在中小規模居多，因此實際的要求是希望編輯人員都能瞭解印刷並兼及發行流程。由於圖書發行或印刷其實都是另項專業，要學到頂尖並不容易；但要求一定程度了解，包括基本流程及其操作步驟，只要用心學習，還是會有一定成效。

2、專業的「選題」能力

出版傳播當中最重要的是「選題」。常有人說：對的選題，書就成功了一半。選題的眼界也是認識你是否成為「夠水準」的編輯之關鍵項目。

以專書出版或雜誌來看，選題都有決定性的影響。中國歷史上的四大奇書，以大家最知悉的《三國演義》來說，背景其實只是凸顯人物的環境說明，最重要的是代表人物。劉備、關羽、張飛三人各自代表不同人物性格，這些典型人物不斷被漢文化圈的國家包括臺灣、中國、南韓、日本等國的電影或連續劇、電玩等不停的沿用或轉譯，資料已多不勝數。當然這是古典範例的沿用，一些新創的素材如《哈利波特》以及許多漫威系列電影《鋼鐵人》、《美國隊長》、《蜘蛛人》也多由其工作室的紙本漫畫改編而成。所以，出版何來黃昏工業的說法呢？相較之下，它雖屬冷媒體，但卻是文創產業重要的基地。

3、文字基本技能與文案能力

出版人一天到晚和文字相處，文字能力不可能在一般閱聽人之下。身為編輯必須具備審稿、校對文字錯誤以及修改作者文稿的能力。以我服務過的《時報周刊》為例，記者完成採訪稿後，編輯是他的第一位讀者。這位編輯要有能力與記者討論文字不合宜之處，站在讀者立場與記者討論，文字能力往往凌駕記者，所以當時的編輯多以作家、詩人為班底，形成進入編輯群的入門磚。

另外就是標題的文案能力，一本書或雜誌從封面書名、副標題、引言、作者介紹、書籍介紹、網頁介紹文字、內文標題、分段標題等，都是編輯的工作，文案能力或與記者及行銷人員溝通，確實也是基本能力之一。

UNESCO（聯合國教育、科學及文化組織）曾將文創產品大體分做三類：

「文化商品」、「文化服務」、「智慧財產權」，內容分列如下：

文化商品：書本、雜誌、多媒體產品、軟體、唱片、電影、錄影帶、聲光娛樂、工藝與時尚設計。

文化服務：包括了表演服務（戲院、歌劇院及馬戲團）、出版、出版品、新聞報紙、傳播及建築服務。它們也包括視聽服務（電影分銷、電視／收音機節目及家庭錄影帶等）。

智慧財產權：生產的所有層面，例如：複製與影印；電影展覽，有線、衛星與廣播設施或電影院的所有權與運作，圖書館服務、檔案、博物館與其他服務。[1]

由上述專家意見可知，出版範疇主要包括在「文化商品」範圍當中，兼及「文化服務」的展覽與演出。

---

1 行政院文化建設委員會《二〇〇四年文化白皮書》，http://mocfile.moc.gov.tw/mochistory/images/policy/2004white_book/index.htm。

二、專業出版與獨立出版經營

專業出版與獨立出版社是以產出的「結果」來看。由於臺灣印製水準常居全球之冠，加上設計人員在美術編輯上的巧思，一些個人的獨立出版社以成品來說可謂毫不遜色。

臺灣中小企業發展蓬勃，反映在出版社之結構上亦然如此。根據文化部資料統計，二〇一七年臺灣百分之七十六的比例為十人以下的小型出版社。這些小型或微型出版社肩負專業出版的任務，往往專攻分眾的客層，以不多的出版品項維繫公司的經營，他們將學習客層區隔化，如語文學習、技能學習等專項，前者如書林出版、寂天文化、文鶴等出版社，後者如全華、攝影家、藝術圖書等。專業出版社選題較為集中而單一，有時因為出版規模擴大想到的常是另立品牌，而不是在本業上擴張。

這類小型出版社形成臺灣出版的主要核心，以專業書籍經營為大宗。編輯選題為其強項，可以不斷創新或選擇守成。印刷也因為在印製同業的價格競爭下，常有物超所值的成本減壓。唯一受制於人的在於經銷通路無法確實掌握，圖書生產後發行以及過多庫存的問題，一直是小型出版單位最大的盲點與無助。

另外就是出版集團經營。出版集團化是一種資源上中下游的積極整合，在英美與西方國家，甚至在共產體制的中國，經常是一條龍的整合，所謂一條龍包含編輯、印刷與發行三大出版主要環節。

臺灣因為中小企業主偏多，資本規模都不大，當有出版集團的出現，應該也是一種上中下游的整合。但這三個環節，以印刷所需資本較大，出版業經常無法包括印刷業。但卻有些印刷廠因為出版社經營上的互利，最終入股而成為股東。業界皆知的案例之一，就是因為委印數量龐大，直到最後，某家出版社股權被收購殆盡，經營權跟著易主。當然也有出版社倒閉，出售旗下出版單位出版品，作為債權抵押的案例。

以臺北市行天宮附近一家港資集團為例，旗下的數十家出版社每年約以五分之一的速度汰換。各出版社通常由專業經理人負責選題及經營管理，不同的是集團內另設有行銷部門及發行部門，肩負旗下數十家出版社的經銷與發行權。對外也以發行單位的名稱訴諸閱聽人，這類出版集團化的情形變成由集團的管理部主控，以發行部或通稱物流部門為事業核心，集團內的出版單位成為子公司，供應圖書給發行單位在市場流通。

城邦集團以及讀書共和國集團都如上述方式來運作。集團化下子公司不斷替換新血，利弊毀譽參半，當然最大贏家還是讀者，那些專業經理人費盡心思集稿，誰不想做出好成績。相對在管理者本身，自然只相信數字會說話，數字會回應該出版社是否能夠在集團中存續，是十足的類資本主義白熱化之競爭關係。

三、出版品內容與行銷操作

出版社的經營有專業與集團式兩種，就出版內容來說，則分別有「大眾圖書」、「專業圖書」及「教育圖書」。

現以這三大類為例，來說明其通路的運作狀況：

一、**大眾圖書**：主要靠零售通路，通路越多越好，而且它有強烈的賣場通路依賴。大眾圖書的通路很豐富和多元，因為讀者太分散，需要多種通路組合提高覆蓋率，需要不斷開拓新通路；儘管大眾圖書藉由書友會及郵購的方式有很成功的表現，但總體而言，還是以賣場銷售為主，畢竟能入書友會推薦名單和郵購目錄的書種有限。更多的圖書的品種是靠越來越大的賣場陳列，才能獲得與讀者見面的機會。

二、**專業圖書**：專業出版也靠零售通路為主，但它也有直接通路，而且直接通路對有些專業書更有效。美國專業圖書利潤率比大眾圖書高的一個重要原因是，有三分之一以上的專業書是直接銷售，大大降低通路成本，提高毛利率。

三、**教育圖書**：教育圖書也可以用直接通路，因為目標市場很明確，學校和學生就在那裡，很容易找到，不像大眾圖書，根本不知道誰是真正的讀者。例如，美國中小學教育圖書主要是直銷，大學圖書主要走大學書店，不走常規圖書通路。[2]

資深出版人林文欽曾表示：自身當下（二〇一九年）出版品百分之九十初

---

2 程三國（二〇〇二年）《理解現代出版業（上）》，http://www.sinobook.com.cn/press/newsdetail.cfm?iCntno=307 - 41k。

印量都只以五百本起算，其他百分之十又以一千本的印量占印書比例的百分之八十，相對於過去（網路興起前）基本印量的三千本，實在有段差距。此外，在臺灣沒有像中國一棟樓就是一家出版集團的概念。而且中國的出版集團，涵蓋了編輯、印刷、發行三項基本出版項目。編輯部是核心，印刷發行假他人之手，在臺灣則已是常態，與中國狀態相當不同。

臺灣出版集團化的另一特殊現象，就是看似十幾二十家的出版單位，實際上每單位的人事規模有可能只在五人以下。因此在集團內部會成立一組行銷部門推廣新書活動，又成立一家專門經銷集團內部書籍的總經銷，往往也作為集團對外的稱呼。他們獨立於出版部門之外，與出版社平起平坐，卻不見業績壓力，久而久之出版部門自行找來企劃編輯籌辦活動，不外網銷、新書發表等活動。老闆也喜見人事開銷的節約，遇缺不補，很快的行銷部被弱化，又回到編輯與發行兩單位的互相溝通。

如果我們以每兩年來檢視那些集團內部的出版社，會發現約略三分之一的單位留下，三分之一的單位被除名，另外還有三分之一的出版單位在集團內全新開辦。這種以利潤中心制的出版單位有一定的資本額，該單位專業經理人也身兼總編輯，並對自己部門負責，常見方法為專業經理人也要入股，投入自己一部份的資金，並扮演掮客對外尋找新股東，當然控股集團會評估其發展潛力，是要抽資金還是斷其金援，往往都在第二年結束時發生。當然有些文學出版社不敵商業出版，多在該集團內認賠殺出，成為曇花一現的出版社。[3]

有趣的是在臺灣，出版編輯人員薪資雖不豐厚，但投入者眾卻是事實。根據二〇一七年臺灣出版產業調查報告指出，新進編輯人員薪資為新臺幣27435元，五年以上資歷者35617元。[4]調查如此，大致符合出版薪資「五四三二」的規律。[5]但無論如何，出版這項人文意涵的象徵，是最古老的文化創意產業，自然有其魅力吸引人投入與就職。

四、編輯職能與薪資結構

出版分為編輯、印刷、發行，大家都在做什麼？在臺灣如今還是以編輯為

---

3 陳謙〈洛陽紙貴的變貌：當代文學事業的挑戰〉，《台灣文學館通訊》六十三期（二〇一九年六月），頁六至十。

4 《一〇六年臺灣出版產業調查報告》上冊。

5 請參見本篇文末所附表格及下一節之說明。

中心，偏向編輯的思考是非常常見的事，但別忘記，出版社「稿源」的由來，是維繫一家公司生存主要的命脈，以吉兒・戴維思的話來看，在《如何成為編輯高手》書中提到，作者怎樣挑出版社：

從作者的觀點來看，他們找的出版社須是書系及行銷都是他們欣賞的。二者幾乎是不可分割的……。除此之外，這些出版社的書還是購書大眾唾手可得的；在書店裡都找得到，或者是擁有高效率的組織，供購買大眾直接向出版社買到要買的書籍。作者都要求出版社要有良好的編輯、製作水準，但他們也要讀者一定接觸得到他們的書。……作者在挑選出版社的時候，會彼此通報哪個編輯可以合作，哪個最好避開；消息便會四處流傳。編輯個人在某方面的特長，會因此而傳揚開來。特別會選好書，和作者合作時很能提供創意，很能體貼作者，確保書籍能有良好的製作和設計，擅長刺激行銷和促銷活動，推動買氣——這些特質（通常是缺一不可）便是編輯贏得肯定、吸引作者的利器。[6]

臺灣由於出版市場太小，「出版經紀人」在臺灣皆以少數個體戶存在，幾家版權代理公司也不是針對單一作家進行經營的營運型態。因此編輯常成為作家最好的經紀人，經常可見作家跟隨編輯移動出版單位。

前述編輯薪資常見所謂的「五四三二」，也就是說除卻發行人、社長薪資為業界黑數之外，大致尚稱透明。出版業固然是商業機構（少部分是NPO），所以除了營利以外，多少帶有理想色彩。當然也有少部分是純粹營利考量，但畢竟有文化的外衣上身，形象總是一種尚稱完善的包裝。臺灣十年來處於低薪狀態是事實，中小企業主一般就算利潤豐盈也絕不輕易掏出口袋現金與員工共享亦是事實，因此有制度的出版公司更成為求職者心嚮往之的選項。照著制度走雖仍有不少內定的私人情感考慮，但基本形式上已看似公平。出版工作也雷同於其他工作，因與主管不合者而離職佔三分之二強，無奈這又

6　吉兒・戴維思《如何成為編輯高手》（臺北：月旦），一九九七年。

是中小企業特有的宿命。

就資方而言，永遠自我感覺良好，筆者遭遇過的資方多數為此種類型，所以觀察一家出版社的人員流動情況，就是最客觀的統計數字。以一家採部門各自為利潤中心制的出版小單位來看（通常發生在出版集團），若出版部門換血的速度每回皆小於二年，便可以知道這集團本身可能有管理上的問題。在國外出版的百年老店比比皆是，在臺灣卻是八成出版社都會在兩年內結束營業，情況可想而知。

根據行政院主計處數據顯示，二〇一八年中位數實質經常性薪資為臺幣38179元，這個薪資等第相當於下列表單中的資深編輯或各類主編。但主編以上佔比約占業界人數三成，因此可知出版業七成以下都在這個水準之下，所以出版業收入並不豐裕。但出版編輯其實也是跨域進入各種行業的最佳跳板，因為在形式近似的生產作業下，內容各有不同。因此這行業的迷人之處，經常在於可面對不同選題與不同挑戰。

常有人問到編輯人的特質為何？那是就開創議題，將其規劃為讀本，也因此必須具備該書系領域的專業知識與若干技能。但出版人最需時時提醒自己的工作心態，其實就是檢核確認再三，錯誤一定會有，但不可把錯誤當藉口，該在錯誤中穩健學習，才足以成就自己出版工作者的夢想。

臺灣編輯出版從業人員薪資水平略表

	級職	薪資水準	工作職掌
管理人 （一級主管／投資人）	發行人／社長／總經理	不透明 據聞月入10-20萬者僅20%	風險控管／尋找專業經理人／財務
經理人 （二級或部門主管）	總編輯 副總編輯 執行副總編輯 經理 副理	40000-60000	選題策劃
（三級主管）	執行主編 企劃主編 美術主編	30000-40000	資深另加年資／升遷不易，有時公司另組單位供其擔任經理人
實務執行者	執行編輯	28000-30000	
助理實習生	編輯助理	24000-28000	
其他／ 含外包之權宜雇用	校對 印務 財務會計	除財會外，多為權宜雇用者，論件計酬多	

資料來源：筆者自行整理 2019.1.10

憶昔思今。

第三輯

我不風景誰風景

——《中央副刊》的梅新時代

龔　華

小白屋詩苑社長，
曾任乾坤詩社社長

一、詩人梅新略述

梅新，本名章益新，一九三四年十二月二十三日生，浙江省縉雲縣人。自大陸跨海來臺時間，約莫於一九四九年之前。於一九四九年投效軍中，擔任過少年兵、上等兵。一九五七年以文書上士位階由野戰師退伍。其後，隨即入花蓮師範「師訓班」（退除役官兵轉業國民學校師資訓練班）就讀，結訓後遠赴偏鄉小學服務。一九六六年與張素貞女士結婚，家庭美滿，育有一子一女。

梅新以堅持的信念、自學的毅力，如願考上大學，於一九六九年畢業於中國文化大學新聞學系。梅新的老師鄭貞銘教授，以「只有用苦學兩個字可以形容」描述梅新艱苦坎坷的求學過程，見證了這位「老學生」追求知識時的勤奮與堅毅精神。

詩人梅新因年少離鄉背井，親情與鄉愁，融合了時代的風霜，流露於詩作中。因此他早年的創作，往往成為時代患難的見證。而且梅新的文學推動軼事，與大時代的變遷悽惻與共，留下不可抹滅的痕跡。梅新以詩燃亮生命，與日月星辰同步發光發熱，以文學的力量撫慰心靈，支撐副刊志業的理想。梅新的成名詩作〈風景〉，其中詩句「我不風景誰風景」，儼如勵志標竿，透露出他的雄豪自詡；不從流俗的獨具風格，求新求變的創造精神，刻劃出他戰鬥人生的寫照。事實上，梅新於文學推動上全力以赴，於編輯志業盡心戮力，在在顯示其個性的堅毅，無論其間風景壯麗昂然，或蕭條悲涼，梅新皆能兀自成行，於漫漫人生路途中，以風景創造出下一個風景。

梅新教過小學、中學、專科、大學，擔任過媒體、文學編採工作，於艱苦的謀生歷程中，有同時兼職四份工作的不凡紀錄。一路以來，他從事文學期刊創辦、出版，現代詩的教育推廣，以及副刊編輯工作等，直到逝世，計四十年之久。歷任《幼獅文藝》、《中華文化復興月刊》、《聯合報》、《民生報》等編輯，《中央日報》撰述、正中書局副總編輯，《聯合文學》主編、《現代詩》復刊號主編、社長，《國文天地》社長等各種文學工作，並從中累積出相當的經驗。一九七八年至一九八〇年又以豐厚的資歷，出任南臺灣重要媒體《臺灣時報》副刊主編，因表現優異，所顯露的編輯才華，受到相關單位的器重，因而雀屏中選《中央日報》副刊主編。他於一九八七年二月正式接任《中央日報》副刊中心主任暨副刊組長，同時擔綱《中央日報》主筆兼副總編輯職銜。

一九八七至一九九七年間，為梅新人生最強動力的年代高峰。不僅與臺灣各重要報紙副刊守門人並駕齊驅，共同創造了文壇鼎盛時期的繽紛亮麗，也憑個人一生的努力，為自己織就出生命最燦爛的一頁。梅新致力於文學、編輯領域雙軌的耕耘，於二十世紀八〇、九〇年代來到顛峰，貢獻卓越，為臺灣文學發展史帶來相當程度的影響。卻因殫精竭慮，積勞成疾，於主編《中央副刊》第十一年初秋，一九九七年七月二十四日，被診斷出罹患膽管癌，且毫無預警的已至癌末，最終醫治無效，於一九九七年十月十日，匆匆走向人生盡頭。二十世紀臺灣文壇重要作家、詩人梅新，終究敵不過病魔的來勢洶洶，生命燃燒殆盡，病逝於臺北榮總，過早結束了頗富傳奇色彩的一生，享年六十三歲。

二、梅新時代崛起

1、《中央副刊》

二十世紀中葉以降，臺灣文學發展受西方各種主義的影響，文思鼎盛，報紙副刊承載著文學傳播使命，與社會文化互生、共融，熱絡非凡，造就出副刊文化史上的特殊榮景，副刊功能價值普受肯定，而被視為文學傳播之首。其間於一九五〇年代末至一九八〇年代初，資深報人孫如陵曾二度擔任《中央副刊》主編，為期跨越二十多年，為《中副》奠定了穩重扎實的基礎，維繫了《中副》於臺灣文壇第一副刊的地位。孫如陵時代，對文壇風氣產生相當的影響力，被譽為《中副》的黃金時代。

《中央副刊》隨《中央日報》的遷臺，於一九四九年三月十二日在臺北復刊，前後歷經耿修業、薛心鎔、孫如陵、陸鐵山、王理璜、胡有瑞、梅新、林黛嫚等八位主編。二〇〇六年六月一日《中央日報》無預警地倉促宣告歇業，《中央副刊》同時被迫停刊，在臺發行五十七年中，總計共出刊兩萬八千三百五十六號。

當《中央副刊》走入歷史，徒留時代美好的文學圖像，喚起讀者的集體深刻記憶，閱讀《中副》，成了家家戶戶的美麗風景、滋養純樸生活的精神來源。於副刊的文化發展進程中，大家耳熟能詳、稱譽文壇的《中副》黃金時期，無獨有偶，除了「孫如陵時代」，另一個不容遺忘的輝煌年代，應屬開風氣之先的「梅新時代」。

2、金鼎獎大編

我們有緣看見，梅新毫不猶豫的堅定腳步，踏著時代的滄桑、由坎坷苦難中行來。梅新的人生理想追求，最大力量來自文學。從安頓自我，以至時代的憂心，將磨難、苦悶隱藏於詩中。詩人異於常人的生命體悟，驅使他自強自立，以面對殘酷的現實。歷經數十年的奮鬥，終於使梅新登上《中央副刊》的主編要職，於一九八七年二月，擔綱起《中央副刊》守門人的重責大任。

一九八七年七月十五日，國府宣布解嚴，適時梅新上任不到半年，緊接著於一九八八年一月一日，再度面臨的是報禁解除。自由民主的快速步伐聲響，時空的丕變，考驗著《中副》新手主編的能耐與機智。背負著「黨報」之原生包袱，面對報業副刊競爭的巨大挑戰，梅新自有定見，以自覺的時代意識破冰啟航，以大刀闊斧的磅礴氣勢改革，以獨具風格的企畫編輯出發，投入時代編戰風雲，與《中國時報・人間副刊》，《聯合報・聯合副刊》並列，成為文壇最受歡迎的熱副刊之一。主編《中副》第一年即以獲得「編輯金鼎獎」的成績，點燃了上任第一把火。於十餘年任內，為《中副》連續贏得編輯金鼎獎共計四座（一九八七、一九八八、一九八九、一九九一），不僅突破前所未有的副刊紀錄，同時為《中副》的「老面孔」徹底換裝，以全新時代風貌，重振《中央副刊》的社會影響力。

三、梅新的副刊理想

1、企畫編輯的浪漫

生命的成長體悟，同時使梅新成為詩的「先行者」。梅新的編輯企畫靈魂，或可以詩人天性視角詮釋。梅新的副刊使命，隱含著詩人的天性，副刊精神承載著時代的憂心，由詩裡走出詩外，或默然一致，或裡外契合。梅新的企畫編輯設計表現，除理性思考的知識、學養、歷練等層面之外，不乏某種程度浪漫「詩心」的潛藏。詩化元素的表現，於專題的名稱中時而可見，如「文學搶灘」、「溫柔出擊」、「走在世界屋脊上」。而詩的意象與美感象徵，往往不自覺走露於專輯、專題的命名中，例如：總統蔣經國先生於一九八八年元月十三日逝世，次日（元月十四日）的追思「特輯」，標題為〈今天，我們為他戴民族的黑紗〉；一九九〇年春節的「馬年專輯」，標題則為〈踢踏達達的馬蹄〉。在磅礡的氣勢外，不經意地流露出的詩性韻味，亦時有所見，如「第四屆中央日報文學獎」的揭曉，以〈新芽破土、翔鷹展姿〉的大標題推出，「第六屆中央日報文學獎」暨「第四屆重建師生倫理」徵文比賽聯合揭曉的「專輯」版面，則以〈旱地喜雨，湧動一條星河〉的標題呈現。

梅新以「企畫編輯」理念，尋求副刊的革新突破，大致可以依據梅新的〈漫談編輯副刊〉（《聯合報系月刊》，民國七十三年六月號）文中所談原則，勾勒如下：

A.拋開純文學傳統的包袱

當閱讀報紙成為全民化運動的時代，為滿足多元化社會需求，應降低純文學作品篇幅，而以「知識的、文學的、生活的」的廣泛題材，達成社會使命、表現更多元議題的包容性。

B.以文學底蘊走雜誌路線

破除小眾閱讀框架，延展為雅俗兼容、主次文化兼併的流行大眾文藝，採取雜誌路線的綜合模式；多元題材，以文學形式表達，於靈活運用的巧思中，以文學底蘊基調出發，以文學初心潛移默化，實現企畫編輯理念；走出文學又不遠離文學，走向文化又不偏離學術，是梅新編輯現代副刊的理想。

C.稿源的主動開發

主動開發稿源，以創發性的思維，進行議題開發與活動設計，實施特定主題約稿；以內容主題與欄目設計為開發藍本，同時保留開放投稿篇幅，不侷限以刊登知名度高的作家作品為滿足，只要是好的作品、具潛力的作家，一概推薦、刊登。

D.全方位觸角題材

貼近社會文學文化，以全方位題材落實大眾智識所需，以個別事件關懷生命哲理、發揮人文意涵。梅新擅長「就地取材」，觸角伸向各類階層的採訪，透過編輯藝術、文學美感，予以報導。以多元議題豐富副刊內容，增強編者讀者的互動。

2、報導文學的開拓

李瑞騰教授於「文學、編輯與出版學術研討會」（二〇一九年十二月二十七日，淡江大學中文系主辦）上，極力肯定臺灣報導文學的發展貢獻：「臺灣的報導文學，如果沒有經過高信疆、瘂弦以及梅新，不斷的去推動，報導文學怎麼會在七〇年代中期到八〇年代中期，十年間變成臺灣最耀眼的文類。」（李瑞騰〈文藝編輯學導論〉，收入楊宗翰主編《大編時代：文學、出版與編輯論》，秀威資訊出版，二〇二〇年九月）身為報導文學的墾拓者，梅新不僅以單文的專題推動，專欄、專輯的各類形式，都在梅新的企畫編輯構想之中。文學領域範疇以外的內容，如社會議題、生命景象的探討，均可以文學性筆法紀實，以報導文學類別呈現。梅新擅長舉辦活動與實地採訪，佐以內容紀實報導，動態與靜態兩者相輔相成，進一步實現報導文學的運用推廣。茲舉二例：

A.「從北京到巴黎」

梅新遠征大陸、歐美，至北京、巴黎，隻身前往進行人物專訪與座談紀實。專訪人物包括大陸國寶女詩人冰心、作家蕭乾、莫言、劉恆、劉震雲、蔡測海，劇作家吳祖光、新鳳霞，知名導演陳凱歌、影星鞏俐、劉曉慶、姜文，以及國際知名畫家范曾等重要文學家、藝術家共十多位。

「從北京到巴黎」專輯，實為「中副在巴黎製作」與「中副在北京製作」兩個專題的合輯。囊括文學、戲劇、演藝等諸多領域。製作目的：開拓全球華人貢獻的能見度，提升讀者的國際觀，促進《中副》國際視野的副刊價值。

B.「今天不談文學」

非文學的「報導文學」，以「不談文學」之名，接近讀者。不談文學的內容，經由編輯理想的巧思，以文學光譜折射；文類化的形式轉換，正符合了現代副刊的彈性思維：「把『報導』轉為『文學』，把『事實』轉為『藝術』，記者的主觀加大、感性增加，文學的功能也得到了初步運轉的可能性。」（須文蔚：〈傳播學的人文學術特質〉，《臺灣文學傳播論——以作家、評論者與文學社群為核心》，二魚文化，二〇〇九年四月）採取各等軼事與文學結合、轉化的形式之下，甚至可以包容新聞、政治的內涵，成為梅新時代的嶄新創意色澤。

《中副》於一九八九年二月十四日推出「今天不談文學」專欄，首篇為〈沈君山談做官的滋味〉，其他政治人物的採訪報導篇章記有：〈戰將關中細說從頭〉（一九八九年三月十六日）、〈最佳副手李模談副手哲學〉（四月十八日）、〈阿港伯（林洋港）的遠見與胸懷〉（五月二十三日）、〈連戰的佈陣連戰外交〉（七月一日）、〈踩著泥巴走省道——邱創煥的堅持本色〉（八月十五至十六日）、〈孫運璿為什麼激動？〉（八月十九日）、〈集魅力與智慧於一身——馬英九的跑步人生〉（九月六日）、〈當部長，好不習慣——毛高文第一志願做教授〉（十月二十六至二十七日）等。藉由「今天不談文學」的輕鬆筆調，由閱讀各自不同的柔性理念以及生命哲學，消弭民眾對政治人物的刻板印象。「今天不談文學」引起廣大迴響，於一九八九年底集結成書：《跑步人生》。

3、專欄、專輯的創意

專欄、專輯，是《中副》版面結構的重要基本欄位，梅新任內製作的專欄、專輯不計其數，類別涵蓋面向既深且廣，多元視野的屬性，同時彰顯了關懷層次的面面俱到。於專欄名稱的特色上，則可看出梅新「企畫編輯」理想的藝術表現，設計的創意。範例如下：

A.【中副下午茶】：為「中副下午茶」活動的延伸、實況的整理。理念構想為「親近文學，可以是書桌前正襟危坐，圈點眉批於字裡行間，也可以是咖啡茗茶為伴，發動聽覺嗅覺味覺來一起感覺；了解作家，可以是深入作品的肌理以各式理論來橫切縱剖，也可以是接席而坐，在談笑晏晏中體味那創作心路。」（林黛嫚：〈中副夢咖啡——文學下午茶，文學在其中〉，《推浪的人》，木蘭文化出版，二〇一六年十一月）。

B.【文學搶灘】：「在文字的範疇，率先為讀者攻佔一處攤頭。」

C.【走在世界屋脊上】：「針對海外中國學人系列專訪。」

D.【向左向右看】：「為針對開放的社會所設計，兼具言論自由、前瞻性，多樣化功能之專欄。左代表改革，右象徵保守。」

E.【文學調色板】：「社會的多元變化、文學的多樣風貌，環環相扣、脈絡相關。中副為求形式方面有新的探討、新的突破，以更大的廣度，包容許多未嘗試過的創作題材。」

F.【三分球】：「以觀念的探索、社會的觀察、人文的省思為主。」

G.【婆婆媽媽】：邀請男作家從日常瑣碎著眼，趣談生活、社會等諸議題。

H.【榜有多重】專輯：以教育議題出發，談「落榜的危機」、「戀愛與讀書」等話題，藉以探討國內的教育、聯考制度，傳達學子、家長的心聲。

4、現代詩的推廣——「魚川讀詩」理念

梅新臨終前，於口述錄音的「中副十年」中，回顧了主編《中央副刊》的文學理想。梅新無奈地表示，身為詩人，自然無法忘情於詩教、詩運的推廣。但礙於現實，未能實現以文學為本位的副刊理想，自認《中副》「對詩的貢獻比較少。」（〈中副十年——梅新的口述錄音〉，《他站成一株永恆的梅》，大地出版社，一九九七年十二月）。柯慶明教授卻對梅新主編《中副》，對現代詩的積極耕耘，表示肯定：「梅新先生除了以公開的文學獎與私下的個人接觸鼓勵優良作品的寫作；更是主動出擊，充分的發掘當今各類典範人物的『血寫的詩』」（柯慶明：〈斯約竟未踐〉，《他站成一株永恆的梅》）。

詩人洛夫認為，臺灣現代詩的廣為流傳，歷久未衰，原因之一，是幾家大報副刊的主編都是詩人。詩人梅新主編《中副》，對詩的貢獻，不可忽視：「中副的現代詩發表率也很高，這與梅新是一位眼光銳利的詩人絕對有關。」

（洛夫：〈我不風景誰風景〉，《他站成一株永恆的梅》）。洛夫並稱讚梅新能客觀選稿，對於詩的鑑賞能力也頗有自信，擢拔新秀詩人之外，對老詩人作家也相當尊重。而對於「中副詩選」的詩作刊登，同時附有「魚川讀詩」的專屬評論，乃梅新惜詩惜才、推廣典範詩作的用心。

梅新主編第一年就舉辦包含詩創作在內的文學徵文活動。梅新顯然對詩創作有相當程度的要求，連續徵了兩年，一直得不到好詩，失望之餘，開闢了「中副詩選」專欄，將具有特殊性、新風貌、新風格的詩作，選入「中副詩選」裡刊登。

「魚川讀詩」專欄的設計，正是為配合「中副詩選」延伸推出的專欄，也可視為「中副詩選」的回應，針對詩中意象與奧妙之處特別寫出的賞析、小評。為提升優良詩作的能見度，同時排除民眾對詩的閱讀障礙印象，以千字短文進行評賞、推介。

「魚川讀詩」的出現，引發議論，「魚川」是誰，令人好奇，掀起敏感的詩壇一場轟動。事實上，「魚川」是梅新的化名。梅新以「魚川」筆名回應「中副詩選」的心意背後，自有其特殊意義。事實上，「魚川」是一個村落名字，那裡充滿梅新幼年成長的時光記憶。可以想見，「魚川讀詩」名稱的構想，除了透露著情深美感，其弦外之音，還隱喻著詩人嚮往追求的文學境界。「魚川讀詩」專欄首推於一九九四年五月二十五日，談的是「中副詩選」首推詩作——余光中的〈答紫荊〉，「魚川讀詩」與「中副詩選」相互輝映，其間用心，可見一斑。

四、銜接歷史的《長河》使命

基於中副版面的侷限因素，梅新另闢「副刊的副刊」《長河》版，以刊載更多中國文學史上的現代作家、學者的重要訪談、記錄，相關文獻等第一手稀有資料，堪稱《中央副刊》兼顧傳承古典與發揚現代的精神延續，梅新重視文學史跡回顧與傳承的一大見證。《長河》版由《中副》主編梅新的得力助手張堂錡負責編務，於一九八八年一月一日推出。張堂錡教授於〈涓滴細流終成江海——《中央日報．長河版》的編輯特色〉文中回顧了梅新的構想：「梅新憑著擔任過《國文天地》社長的歷練，決定《長河》版不走通俗、趣味的路線，而採取以文史知識為主的學術走向，策劃推出了國內報紙媒體唯一結合學術的全版文化性副刊——『長河』」（張堂錡：〈涓滴細流終成江海——《中央日報．長河版》的編輯特色〉，《編輯學實用教程——以報紙副刊為中心》，業強出版，二〇〇二年元月）。

《長河》以近代文史、傳記文學路線為主軸，創刊之初，即接續推出許多專欄，如「書海鏡詮」、「鏡頭中的歷史」、「文學古今之旅」等等；同時舉辦了「說不完的紅樓夢」、「甲午戰爭百年省思」、「日據時代臺灣年」等座談會；甚至，包含了民俗掌故、歷史意識、古典文學乃至琴棋書畫等各類專欄，以及週六整版以本土文化為主的專輯，如「紙上原住民博物館」、「呷新娘茶講好話」、「古早的行業」等等。當代與古典的兼顧，學術與文化的並重，「長河」的豪邁奔流獲得極大迴響，卻因不敵大眾市場需求，於報業激烈競爭之下，於一九九六年十二月宣告停刊。

五、開風氣之先的時代創舉

梅新懷持「但開風氣不為師」的精神，致力於議題的開發，實踐於活動的推行。一路行來，大規模的策畫行動，難以計數。而梅新主編《中央副刊》期間的創舉事蹟，可以「總統與青年作家共度一個文學的下午」和「百年來中國文學學術研討會」為代表例證；不同凡響的活動規模，造成轟動，深具時代意義的文學功能，為文壇帶來深刻的影響。

1、總統與青年作家的文學下午茶

以突破政治與文學藩籬的理想角度，消弭兩方對立的美好用意，梅新籌畫作家赴總統府見總統，以「談文學不談政治」為形象，達成醞釀和諧的目的；以文學訴求的延伸概念，開拓柔性格局；為避免政治敏感的過多聯想，而將活動定調為「文學的下午茶」。

一九九四年十月十四日，一支青年作家隊伍，由梅新率領，前往總統府和時任總統李登輝先生共度一個「文學的下午」。與會的有張大春、張曼娟、侯文詠、蔡素芬、陳克華、簡敏媜（簡媜）、王美琴（零雨）等青年作家，包括梅新主編在內，一共八位作家。名單的篩選，涉及風格的分布，有助於提問內容的豐富性，足以窺見梅新的心思脈絡於一二。

總統與青年作家對談內容，包含甚廣，文學、藝術、生活、成長經驗，也談新新人類、文化改革、教育制度、社會和諧、解嚴後的問題等等。兩個多小時的熱絡對話，海闊天空式的漫談，儼如一場世紀「文學的饗宴」。次日，除了《中央副刊》整版篇幅刊登「總統與青年作家共度一個文學的下午」特輯，續後並有《文學的饗宴》出版，出版者為「總統府發言人室」，顯示了這場會談受到國家的重視。

雙贏與和解的浪漫企圖心，使梅新相信當總統與作家相遇，彼此激發出的是一個平等的人文空間。梅新為尋求文學、政治融洽而設計的破冰之旅，搭築了一座通往「冷漠的『宮殿式的總統府』」的人性化橋樑。而《文學的饗宴》專冊之出版，完整記錄了「總統與青年作家共度一個文學的下午」之現場全貌，為「文學青年」所有提問，以及一位國家元首的回應與承諾，留下歷史見證與檢視空間。

2、百年來中國文學學術研討會

七〇年代以降，文化副刊的多元形式表現中，重要學術議題的開發，藉由研討會、座談會的傳播，成為副刊文化十分重要的途徑。如《聯合報》舉辦的

「四十年來中國文學會議」（一九九三年十二月）、《中國時報》主辦的「張愛玲國際學術研討會」（一九九六年五月）。梅新主編《中央副刊》時期，《中央日報》與《聯合報》、《中國時報》兩大報比較之下，無論人力、文化資源，皆相對困窘。身為《中副》守門人的梅新，卻因文學企圖心所驅使，無顧於單薄的資源，竭盡全力，於一九九六年策畫籌辦了規模盛大的「百年來中國文學學術研討會」。於一九九六年六月一日至三日，一連三天，在臺北國家圖書館國際會議廳成功舉行，受邀出席者含兩岸、海外，多達兩百餘位，其中中國大陸參與陣容堅強，尤其罕見，包括高行健、古華、張賢亮、北島、謝冕、陳思和、李澤厚、吳祖光、陳平原、夏曉虹、賈植芳、嚴歌苓、沙葉新、何啟治、劉登翰、王文平等重要學者、作家，並發表多達四十五篇論文。三天的研討會共分六場舉行，而以瘂弦主持的「副刊與中國文學」一場專題座談，壓軸閉幕，並於會後安排海外作家的兩日環島旅遊；全程規模之盛大，被視為史無前例的創舉。

會中播放的一段採訪錄影專輯——「文壇耆宿專訪」，尤其引人動容。專訪對象包括臺灣的蘇雪林、陳紀瀅，中國大陸的冰心、巴金、施蟄存、曹禺等多位影響中國現代文學發展史之舉足輕重的作家。此專訪製作，來自梅新的親力親為，會前不到一個月的五月，梅新於百忙之中，匆匆親赴北京、上海兩地，採訪了二、三〇年代的七位大陸資深作家：冰心、艾青夫人高英、施蟄存、蕭乾、辛笛、柯靈及曹禺，親自錄下中國現代文學開創先鋒們的回憶，並轉達大會的敬意。

「百年來中國文學學術研討會」為兩岸文學文化交流，為百年來中國文學留下珍貴史料，豎立了一個嶄新的時代里程碑，超越隆重盛大儀式的形式表象，圓滿成功的實際內涵更在於達成了文學抱負的宗旨理想的真實意義。

六、「大編」精神不容遺忘

梅新熱愛文學、新聞，推動文學傳播不遺餘力，於編輯崗位上竭心盡力，引領《中副》重塑形象，帶動風潮，破除民間對《中央副刊》扞格不入的黨政刻板印象。於極度艱難時刻，挽回《中副》對社會的重要影響力，不僅為《中副》歷史創造了全新的一頁，於臺灣副刊文化的進程發展，亦留下深刻可觀的蹤跡。

形同一顆巨星的殞落，詩人梅新閃耀著傳奇的光芒匆匆離去，卻於短暫的一生中，留下無數精彩迷人的風景。行動派詩人梅新，以生命追逐文學理想，構築夢想於副刊編輯臺上，力行實踐，從不懈怠，直到逝世前十天才真正倒下。詩人洛夫不禁感嘆：「梅新是一塊鐵，如此之忙碌磨蹭，勢必要擦出一身火花來，但過於殫精竭慮，身體精神大量透支，再加以主持中副編務時，其長期的工作負荷，又焉得不積勞成疾，以致不起。如說梅新的一生，小而言之是獻給了中央日報，大而言之是獻給了臺灣整個文壇，甚至文化界，並不為過。」

曾經輝煌的大副刊時代軌跡，不容抹滅；副刊發展史上竭盡心力、付出貢獻的「大編」（引用楊宗翰〈寧為大編，勿任小編〉，收入《大編時代》，秀威資訊，二〇二〇年九月）精神，不容遺忘。祈盼二十世紀曾掀起風潮的文學守門人、重要詩人梅新主編，以其畢生對副刊文化的貢獻、文學推展的影響、精神的高度，以及貢獻的價值，獲得應有的定位及適當的歷史評價。

編輯與他的時代：憶高信疆與瘂弦

趙衛民

淡江大學中國文學學系教授

今之項羽——高信疆

高信疆純粹是現代項羽！

在大學時的印象是他辦了言心、景象兩個出版社。後來他說，中國時報老闆余紀忠以一百萬買了去，也聘他為副刊主編。我們年輕時總想此人為何有「橫空出世」之感，原來他大學時就有「華岡新聞系第一美男子」之稱！

真正見到他面，是我得中國時報敘事詩優等獎，民國七十年（他三十七歲），他約我晚上十點見面。他十一點來，與我逐段談我近七百行的〈夸父傳〉；我當時受卡爾・容格的影響，很迷神話。有些段落，我解釋一下就過去了；但有些段落我覺得也有語意未竟處。等商榷完畢，他邀我一起去玩電動玩具，那時已是半夜一點。有幾位編輯已在那裡，一點半時、羅智成也來了，到午夜三時結束。我回家整修〈夸父傳〉後，達九百多行。

因為敘事詩首獎從缺，首先要刊登〈夸父傳〉，美編已製好版，高信疆要我去看。我看插圖畫夸父，洋味兒太濃，高信疆說：「現在都受西洋美術訓練。」一共兩天大版刊出，第一天的插畫已畫好，不換，第二天就換由羅智成畫。高信疆說：「你來我們這兒做吧！」一般感覺聯合報工作較穩定，我笑說：「你們這兒有大將羅智成！夠了。」他總是氣衝斗牛：「要不要行酒令——飛花令？我年輕時拿臉盆喝酒！」

民國七十一年，我找他出詩集；他約我在飯店見面。晚上六點半他與太太柯元馨一起來到，他太太打扮時髦。高信疆說：「這是今天第一頓飯！」對詩稿交談了幾句，用過了餐，他拿了詩稿就走了，允諾要出。我後來等了三、四個月，沒有動靜，就去電索回。或許年輕時太心急了。

高信疆和瘂弦曾有面對面的遭遇戰。在一次文藝會場中，兩人應邀發表對主編副刊的構想。瘂弦先說要考慮報紙讀者眾多，避免實驗性過強的作品。高信疆卻說實驗性強才有未來性，所以他更喜歡實驗性的作品。兩人都是名嘴，瘂弦溫文儒雅、老成持重；高信疆辯才無礙、機鋒凌厲。看來河南人與河南人較勁，年輕帥氣者氣勝。若說主編副刊，瘂弦求穩，春風化雨；高信疆就是求狠，碾壓對手。不過編副刊與個人的詩風恰是反差頗大，瘂弦寫詩實驗性強，浮想聯翩，意象疊映尤重速度。面對當時西化與虛無的現象，高信疆主編的《龍族評論專號》，在〈探索與回顧〉中他說：「藝術並不是一種唬嚇的工具，藉著它來壓低別人以抬高自己；相反的，它是一種共同提昇之力，一種關懷，一種愛。」好像編副刊時兩人都走向了寫詩的反面；看來實驗性很重要，但生存是另一碼事。

高信疆捧紅雕刻家朱銘、素人畫家洪通，在紙上風雲的印象上樹立起扭轉乾坤的力量，敘事詩和報導文學都在他的鼓吹之下展現出文化的底蘊和時代的波紋。故而高信疆在主編副刊上是走向他的真實面！高信疆秉持為中華文化傳承，使古代經典賦予新時代精神，邀請五、六十位專家學者編撰共四十二本的《中國歷代經典寶庫》，在大套書上既有「典藏版」，又有平裝「普及版」，還有二十五開「袖珍版」。據說銷售量驚人，為時報出版社賺了不少錢；至少在出版上有《中國時報．人間副刊》作為後盾，聲勢壯大。

後來他也到過美國威斯康辛大學東亞語文系研究。終於實驗性落在他生命的奇襲，賣掉一棟房子來邀請百位藝文界人士來創作造型象棋，從雕刻家到漫畫家，意趣琳琅滿目。後來他擔任過中時晚報社長一年多，竟與夫人柯元馨編印證嚴法師語錄《靜思語》，銷行百萬冊而不取分文。

大約是七十八年秋我應花蓮某中學之邀擔任朗誦評審，遇到同樣擔任評審的高信疆與陳黎，我邀陳黎一同拜訪高信疆。後來與高信疆同車返回臺北，有機會在他家前的辦公處聆聽高論。高信疆說：我當主編，是弄到警總有時要約談。他講的可能是六十五、六年間約柏楊寫專欄或李敖出獄後，在黨禁、報禁的年代刊登李敖第一篇長文〈獨白下的傳統〉所引發的效應。高信疆說：「我懂得新聞效應，像朱銘或洪通都是連搞十幾天大版，直到發行部頻頻抗議，我還是繼續堅持。」柯元馨說：「我們是爭千秋也爭一時，去感受那推動時代的感覺。」後來則是讓我去幫中國醫學科學基金會試辦的圓山診所寫文章。這是中醫與西醫結合的嘗試：想在地區型的診所推廣，那裡有些物理科學和生物化學的奇聞，甚至框列為機密的「老祖母細胞」和氣功的實踐。我寫了半年多，算是聯合報副刊工作外的「探奇」。那時知道高信疆有牙周病。

高信疆曾告訴我一個故事：他媽媽有一個義子，多年後回家，看他媽媽得肌肉萎縮症，就跟他媽媽說不要急，等他回來。那時肌肉萎縮症無藥可醫，只有等死！結果這義子兩周後回來，到山裡採了草藥，熬煮分成六十罐，要他媽媽每天吃一罐，結果真痊癒了。也屬「奇人異士」的高信疆想給世界重重一拳，生命就由一樁樁「奇遇」組成，而他總也保持著氣度、風度及高度。他說：陳若曦回國時在他家中看上一幅畫，他就讓她帶走了。他老早超越了現實，對年輕作家展現一種風範，甚至在文學獎中也給一些年輕詩人和散文家開拓出成長的空間。

瘂弦也曾讚他是「英雄」！的確，「聰明秀出謂之英，膽力過人謂之雄。」他是有橫空出世、創造新典型之慼，以後無人能再！雖然離開了報社後，他有點像「失去戰場的將軍」，他也說時報老闆余紀忠的性格有點「愛之欲其生，惡之欲其死」。但他總能奇峯突起、璀燦奪目。八十二、三年後我忙於教學，只聽說他到香港擔任《明報》總編輯，後又轉往北京。今之項羽，紙上風雲！他曾說最多時他兼任七個職位。

九十幾年時我曾在淡江大學城區部中文系所辦的文藝會議散場後遇見他，我當時只專心於世界新興的學術思潮，不知何所著力！其實英雄必有疏忽，長期的煙、酒、熬夜，早已將他壯碩偉岸的物質性生命揮發燃燒殆盡！以後有一天至羅斯福路買書時，一中年婦人停下腳踏車問我：「你是趙衛民吧！我是柯元馨。」她未施脂粉，倒不認得她不「前衛」的模樣了！寒暄幾句，她都說：感謝主！他們夫婦伉儷情深，或只有信仰的偉力能挽回高信疆的病情，不過當時我卻不知高信疆狀況。

我們的生命終像各種差異的極限運動，知進而不知退，知得而不知失，知存而不知亡。我的老師趙滋蕃（六十三歲過世）說：「最自信的，也就是最要老命的。」創造的生命最不懂得休息。趙滋蕃也喜用中杯高粱酒來拼酒乾杯，委實不知氣力可能耗盡的確切時間點。等到發現疾病已開始主宰身體時，也只能像趙老師說的：「老得太快，乖得太慢」來看待。聽說高信疆（六十五歲過世）最後也信了基督教，他已打完該打的仗！他是一位戰士浩然回到天家！

貓臉的歲月——瘂弦

誰能用海嘯為時代定音？誰能用風暴為時代塑像？我們只能在動盪中認識激潮，在閃光中認識雷音！而無論風景或雷音，終將寫入那些時代人物的形跡。

詩人瘂弦是我所認識的詩人中最聰明的一位，詩寫得好，是聰明的屬性中最重要的。不過他的詩和他的聰明都很難以把握，如同當時對超現實主義的認識！而他和商禽卻又是「真正的超現實主義者」。所以當余光中說瘂弦的詩有甜味，或者楊牧評論瘂弦的長文我都覺得難以抓住瘂弦生活及詩的複雜性，不過余光中多年後說瘂弦的詩「多元而玄祕」。

「激流怎能為倒影造像？」生存有其複雜面，這也正是多元性所在。瘂弦在來臺灣之前，是青年兵，總是時代之巨流沖激而成，在亂世的心象中有什麼是穩定且持久的？當年少瘦小的身軀被死亡的噪音淹沒，「一莖草可以負載多少真理？」在生活巨大的流變中，一切印象是聯翩的繽紛萬象，簇擁漂流而無法沉澱去錨定。

筆名瘂弦，直譯為「沉默的音樂」。《易經・震卦》卦辭：「震來虩虩，笑言啞啞。」在令人震驚的變動中，談笑、歡樂的樣子。在詩人中好像只有瘂弦、商禽（綽號歪公）真懂得笑。何以不說「啞」弦？瘂字也與瘖啞有關，聲音低沉乾澀，有關生存的病痛、生命的病痛。他的音樂性是地方性的小調，他說到他小時「拉洋片」初來時的情景，你觀看時，箱外操動拉繩，使圖片捲動。奇景變換，他要跑到前面去看鏡片後有什麼東西。河南南陽是一盆地，卻有方圓數百里之平原在東、西、南、北中間，劉禹錫〈陋室銘〉：「南陽諸葛廬，西蜀子雲亭。」軍師諸葛亮善於精算、克敵制勝，瘂弦則自有一套明哲保身的生存策略：「微笑之必要，肯定之必要。」

瘂弦於政工幹校影劇系畢業後服役於海軍，他自謂：「四十三年十月，認識張默和洛夫並參與創世紀詩社後，才算正式寫起詩來。」在瘂弦贈於一九八一年四月的《瘂弦詩集》〈卷之八〉，收錄的是「二十五歲前作品集」，可見二十五歲是分水嶺，瘂弦詩的藝術風格成熟於二十五歲，才會有香港詩人黃崖推介瘂弦出版《苦苓林的一夜》，民國四十八年由香港國際圖書公司出版。所以民國四十一年至四十五年的詩作，只能以練習曲視之。他認為對前行代詩人的學習如繪畫的臨摹，早年崇拜德國詩人里爾克，何其芳曾是他年輕時的詩神。這是瘂弦的「取法乎上」！他與商禽互相傳抄三十年代詩作的手抄本，瘂弦曾評論商禽說：「如果沒有瘋過那一陣子，恐怕他的〈逃亡的天空〉、〈逢單日的夜歌〉、〈遙遠的催眠〉、〈鴿子〉都不會出現，而我的〈從感覺出發〉、〈深淵〉也寫不出來。」這兩位詩人都幾乎以一本詩集名家！其實瘂弦曾對我說：「商禽的詩很詭！」瘂弦的〈給超現實主義者〉一詩曾紀念商禽：「你的昨日與明日結婚／你有一個名字不叫今天的孩子。」過去的記憶成為未來的夢想，已超過今日的現實，將時間分割並擬人化，這種破題法委實驚人。至於「你的膝蓋不認識自己的／自己的腳趾」，身體這種離散的方式，是以毗隣的舉隅法，來說明不存在統一的邏輯，「你不屬於邏輯／邏輯的鋼釘」。而存在是沒有理由的，「沒有理由，卻是一個存在」，換喻法的大量使用，造成大量特殊名詞，如「糖梨樹」、「楓樹糖」，使詩的速度加快，濃度增加。特殊名詞應視為動詞，表示特殊性的動態生命，有差異的、並非同一個，對超現實主義來說，性也是夢的主要成分！這種帶有糖味成分的妓女之換喻，恐怕也是瘂弦的詩令人難以捉摸的一部份，又如該詩中的「水葫蘆花」，性喜溫暖潮濕，不也是普通花色的妓女的換喻嗎？

又如在〈苦苓林的一夜〉，或許能讀懂「在雙枕的山岬間，猶似兩隻曬涼的海獸／讓靈魂在舌尖上／纏著，絞著，黏著／以毒液使彼此死亡」，但卻很難企及「然後就是，順著河／用鴨舌帽把耳環遮起／像一個弟弟／帶我去看潮，看花」，在其中情色的想像！甚至在〈巴黎〉中：「你是一個谷／你是一朵看起來很好的山花／你是一枚餡餅，顫抖於病鼠色／膽小而窸窣的偷嚼間」，這幾個妓女的換喻，「谷」是女性身份，《詩經・谷風》即是如此。「山花」訴諸視覺，只是不講野花。「餡餅」訴諸味覺，而「偷嚼」餡餅的人是「病鼠色的」，祇能在黑夜出沒。

超現實主義原受佛洛伊德的影響，夢是潛意識的通孔，而潛意識的內容主要是性。但他的弟子榮格視此只是個人潛意識，要另尋集體潛意識，在他的《煉金術》一書中那些煉金術士彷彿從事早期的化學實驗，在高溫下礦物流轉如金液，這是物與物轉化的魔法，瘂弦深得個中三昧。但這只表明：難以入詩的，超現實主義都能入詩，這才是生命的「多元性」。否則「病鼠色」相對於貓，在〈船中之鼠〉中：「也許貓的恐懼是遠了。」貓是監視人的老大哥嗎？貓和船長是有區別的。而「當然，我們用不著管明天的風信旗／今天能夠磨磨牙齒總是好的」，人的身份與卑微如鼠的身份互換。呼應著〈深淵〉中，「歲月，貓臉的歲月／歲月，緊貼在手腕上，打著旗語的歲月。在鼠哭的夜晚，早已被殺的人再被殺掉」，貓監視著鼠的行動，在戰亂的流離間早已被殺掉過一次，所有堅固的根據在戰火中瓦解冰消了；現在被抓到，再死一次，這是對當權者的抗議。故而生命的意義只是可疑，白天等於無意義的深淵，「在兩個夜夾著的／蒼白的深淵之間」。

年輕時的瘂弦長相英挺，以他在政工幹校影劇系的舞臺訓練本就易於走到臺前，何況他的國語標準，臺風穩健。他們這代雖未直接在戰陣前衝殺，直接經歷生存死亡；但在動亂危難中成長，飽受顛沛流離之苦、生離死別之痛。大地上的生活經驗，使軍中詩人不同於學院詩人的風格。當他被分派到海軍服役，也因職務之便飽覽異域風光。這些生活環境快速變換所導致的早熟，也是拉洋片的奇景，最後在與現代詩的創作中逐漸匯集，噴薄而出。並且很快地在手抄本的臨摹，學習現代詩大家的技法之下，二十五歲後創造出質量俱精的詩作，並且臻至藝術風格的成熟。到二十八歲的長詩〈深淵〉，是其詩作最後的圓熟，也差不多總括了他最輝煌的創造時期。所以詩集以《深淵》為名，深淵是無底的，說明離亂的人生失去了穩定的根據，那就是存在的深淵（abground）。

他曾經擔任左營軍中電臺臺長，後來又擔任政工幹校影劇系教官，當學生們受命要演出「孫中山傳」舞臺戲，就想起這位教官的扮相是不二人選。果然海內外巡演七十多場，大獲成功。故而他獲十大傑出青年金手獎，也是實至名歸，只不過此後他人生的走馬燈轉個不停，也可以說對詩是「金盆洗手」了。三十七歲擔任中國青年寫作協會總幹事，四十二歲擔任華欣文化事業中心總編輯及《中華文藝》總編輯，四十三歲任幼獅文化公司期刊總編輯，在救國團也是地位頗高。此間亦曾赴威斯康辛大學獲碩士學位。直至四十五歲獲聘聯合報副刊主編，已經穩居文壇的制高點。

瘂弦有一種特有的幽默感之發掘，那是劇場式的，例如詩作〈赫魯雪夫〉中的反諷。他曾談到《先知》，他說紀伯侖的寫法就是先知在港口等船來接他，然後有人說：「給我們講講關於愛吧！」過一下有人說：「那麼關於婚姻呢？」等先知把主題一一講完，船也來了，就把他接走了。他曾談到尼采（約七十四年底吧）：一節的標題是〈為什麼我這樣智慧〉，下一節是〈為什麼我這樣聰明〉。這是幽默！但只要看尼采的《瞧！這個人》這本書，在上述章節中就有「一個人必須擺脫一切使他一再重複說『不』的東西。」這就是〈如歌的行板〉中：「溫柔之必要／肯定之必要」句子的由來，也是瘂弦的「甜」。尼采更說：「這些微不足道的細節——飲食、地點、氣候、娛樂，所有自愛的辯解——比人們向來認為根本的一切東西，更為想像不到的重要。」更活脫脫是〈如歌的行板〉了。這些閱讀對他來說，正好是創作的實驗。但尼采也說：「根本上我就是一個戰士……侵略感必歸屬於力量！」瘂弦此中自有其拿捏！

他屬於資料控，在民國七十年時，這些資料各方搜求得之不易，沉溺是一種奢求。這便是《中國新詩研究》！但其中的〈現代詩短札〉寫於二十八歲，是特有的詩人之沉思，仍是斷片式的，「前一小時人們看見他低頭靜觀一株櫻草的茁長，後一小時他卻在下等酒巴的高腳杯裡泡他的鬍子。」也是很超現實主義的，生命多像拉洋片的幻景。在民國七十五年之後，文界已來不及沉思西方爆發的思潮。一位富於創造力的詩人，也在本世紀的停頓中逐漸老去。

瘂弦的聰明來自他的幽默，一方面肯定外在的秩序，一方面也有內在的自由。例如他說：「從佛洛伊德以後，『壓抑』這兩個字就流行了。」看來他這代飽經顛沛流離，懂得人情世故，對外頗為壓抑；但他在外邊時，我們頗為自由，他一回辦公室，我們就壓抑了。我曾跟他商量縮短上班時間，說年輕人尚待成長，他居然也同意，真是年長詩人對年輕詩人的寬容，所以他跟張拓蕪說，衛民還是想要念書！但我在與「主管」的關係進退失據之下，也就有點壓抑了。

有一次他與別人通電話時說：「死是最高的完成！」他的雋語多是斷片，如〈現代詩短札〉。其實他在以反諷筆法寫詩的「貓臉的歲月」，早已完成了「詩人的臉」。

懷海德說：「二十世紀的社會中堅，是那些兩腳踏過大地的人！」農民之子殷勤耕耘，成為風格獨特的詩人；意象推進、堆疊的加速度，在詩壇中無人能出其右。無論內在、外在，都有厚實的完成。滑稽模仿不僅是詩的技法，也是多變的人生感觸！但瘂弦也保留了原封的童年，還有對社會底層人物的悲憫。

像他這樣一個副刊編輯

——蔡文甫與《中華日報》

楊宗翰

國立臺北教育大學語文與創作學系副教授

一九四六年中國國民黨在臺南創辦《中華日報》，初期採中、日文並刊模式，龍瑛宗即曾擔任日文版「文藝欄」編輯。該版面曾發表葉石濤、王育德、吳濁流、吳瀛濤及龍瑛宗本人的作品，堪稱戰後初期重要的文學媒體。現在若要追尋這段歷史軌跡，得藉由李瑞騰教授與該報合作、二〇一八年臺灣文學館出版的一套四冊「一九四六年《中華日報》日文版文藝副刊作品集」。這套書分日文「原文校注」與「中文譯注」二卷，每卷各二冊，收錄一九四六年二月二十四日至十月二十四日《中華日報》日文版文藝、文化、家庭三專欄和少部分非專欄的相關詩文。

因政府推行國語文政策，《中華日報》自一九四六年十月二十五日起改為只出中文版。一九四八年在臺北設立總社，並且增出北部版。這個模式雖持續甚久，但後來日感艱困，重心終究移回臺南總社，原臺北總社則改為辦事處。此乃因在臺南印報再送至臺北，要近中午才能到訂戶家中，缺乏市場競爭力。《中華日報》北部版主要還是提供給機關團體跟少量家庭訂戶，不像大臺南早年幾乎都是該報天下——臺南之於《中華日報》，頗似花蓮之於《更生日報》，都是四〇年代創立後挺立迄今的地方報。

《中華日報》社方對文藝十分重視，歷任主編如徐蔚忱、林適存、蔡文甫、應平書、吳涵碧、羊憶玫皆認真經營，頗有成績。「華副」一向風格素雅，拒絕浮誇，儼然成為南臺灣文壇重鎮。各地讀者今亦可從「中華新聞雲」（https://www.cdns.com.tw），便利取得及閱讀「華副」內容。而蔡文甫本為汐止中學教師，會從一九七一年七月起擔任《中華日報》副刊主編，乃是受到當時的社長楚崧秋賞識。直到一九九二年七月退休前，蔡文甫總共編了二十一年一個月的「華副」。

雖然在稿費等條件上，皆不如「聯副」、「人間」、「中副」等全國性大報，但他仍讓「華副」成為不可忽視的文藝園地，也曾經於一九八六跟一九八八年，兩度榮獲行政院新聞局的副刊編輯金鼎獎。很難想像在執編「華副」之前，蔡文甫只有因為編過軍報《戰鋒月刊》而略懂字體跟字號，副刊實務編輯經驗可謂相當薄弱。他只是一名熱愛寫作的教師，跟《中華日報》最長遠的關係就是自一九五九年三月起兼任汐止特約記者而已。

楚崧秋社長聘他接林適存的位置時，副刊只有一名晚間才來報社的助理，負責處理初審及退稿事宜。彼時尚沒有電傳可用，蔡文甫在臺北要自己發稿、算字數、畫版樣，再藉由飛機運至臺南排印，打好紙型分成南北兩地印刷。他從「華副」的作者變成編者，身分有了巨大轉換；但仍在學校教書到一九八〇年九月退休，所幸編務跟教務兩者不曾相互干擾。從學校退休後，「皇冠」跟「時報」都曾有意延攬，只是都被蔡文甫婉拒，專心經營自己一九七八年創辦的「九歌」出版社。二十一年一個月的「華副」主編生涯，若說有什麼遺憾，應該是自身創作產量，從原本每年可以寫出一部短篇小說集，變成二十一年間只有在馬各主編「聯副」時發表過一篇一萬字的短篇，無怪乎他曾說：「自己深切感覺到的，副刊編輯確是謀殺作者最恰當的行業。」

蔡文甫的「華副」主編歷程，留下了不少輝煌事功，舉其要者如下：

一、**廣邀名家，新闢專欄**：「華副」原以刊載小說跟散文為主，蔡文甫任內新闢不少專欄，譬如「我的生活」、「書與我」、「生死邊緣」、「我的另一半」、「我最難忘的人」、「藝文短笛」及紀念《中華日報》創刊三十週年設計之「三十年後的世界」等。出刊後反應良好，再如邀得梁實秋撰「四宜軒雜記」、王鼎鈞撰「人生金丹」（後結集為《開放的人生》）等例，讓「華副」在大報副刊夾擊下，仍然廣受各方矚目，也證明了蔡文甫的約稿功力。

二、**副刊專欄，輯印成書**：因「我的生活」等專欄反應良好，但報社並無將副刊作品結集出版之先例，故蔡文甫先商請「黎明」印行兩集。等到《我的另一半》由報社直接出版後，連連再版，於是《中華日報》才新成立了出版部，開始將「華副」精彩專欄結集，總數量逾四十種。特別值得一提的是，他創辦的「九歌」從來沒有出版過「華副」專欄結集，可見蔡文甫律己之嚴。

三、**廣邀名家，提拔新人**：「華副」作者群以名作家及學者為主，但亦樂於拔擢新秀。凡遇來稿，能用即刊，不能用即退回。如果兩周內未收到退稿，大約都會在一至二個月間，以二或三天的頭題發表，並且配上名家插畫，讓作者充滿成就感。此舉特別可以激發新人作家的創作欲望，建立了起他們繼續寫作的信心。《中華日報》雖無海外版，但蔡文甫仍想方設法，在稿費遠不如其他大報的情況下，邀得國外作家及學人賜稿。

四、**策畫梁實秋文學獎**：梁實秋晚年稿件大多交給「華副」發表，一九八七年他仙逝後，蔡文甫便與余光中研議，成立全臺第一個以作家為名的單獨獎項「梁實秋文學獎」。一九八八年由《中華日報》社方出資三十萬，配合文建會補助款，以這個獎項紀念文學大師對散文及翻譯的成就，也為臺灣文壇積極培育散文創作及翻譯研究的人才。前二十屆由《中華日報》舉辦（第十三屆因公開招標，由臺灣文學協會得標），第二十一至二十五屆由九歌文教基金會承辦，二〇一三年起改由臺灣師範大學接手。

五、**串連南北各地作家，開闢文藝討論空間**：「華副」常邀臺北文學名家南下開講，兩度舉辦南北作家大會師，適當兼顧在地性跟全國性，讓自己從南臺灣文壇重鎮，提升到全臺文藝愛好者鎖定園地。「華副」風格固然一向以溫厚著稱，但蔡文甫接編初期，也曾讓副刊成為「論戰園地」。那是一九七二年六月十到十一日，趙友培發表〈我國大學文學教育的前途〉一文，隨後引發三十八位持各種不同觀點者，在「華副」討論大學體制內的教學，是否該呼應現代文學的蓬勃發展。之後教育部准許大學設立文藝系並公布了「文學院文藝系必修科目表」，報社更於一九七三年出版專書《大學文學教育論戰集：中文系和文藝系的問題》。「華副」是在歷史的關鍵時刻，主導了大學文學教育論戰，有功於現代文學的向下扎根。

蔡文甫跟大多數臺灣的副刊編輯一樣，並未出版專書談自己足以啟發後人的編輯心法。只能從他的自傳中，摘錄一些內容，權充線索：第一，謹遵「稿不離手」原則，蔡文甫副刊編輯工作二十一年來，從來沒有掉過一篇稿子。第二，副刊編輯不宜介入論戰太深，在正、反兩面意見平衡陳述後，宜適可而止，不要用有限篇幅，作沒有是非對錯的無限辯論。第三，編者是作者跟讀者間的橋樑，時時要尋找有趣的、有意義的好文章，介紹給廣大讀者。副刊不是訓導處，時時教訓別人；副刊也不是教室講堂，為特定的人授課，而是讓各階層的讀者，都能看到自己喜歡的各類型文章。第四，副刊編者不能只憑自己喜好，專刊一些深奧或譁眾取寵的文章，更不能站在臺前發號施令。編輯最好在幕後默默地邀請名家，發掘新人，使他們樂意表現才華。由上可以推知：蔡文甫在編輯《中華日報》副刊時，持守的是平易、平實與平衡之心法，正可謂「見其編法，如見其人」。

八爪魚之味

——新時代下《中國時報》副刊編輯的機智生活

盧美杏

《中國時報》人間副刊主編

諾貝爾文學獎得主鈞特・葛拉斯在回憶錄《剝洋蔥》中提及，剝洋蔥的時候你一片片剝，過程總是讓人掉淚，但是剝到核心，才知道是空的。回憶本身就是有選擇性的，人總是有意無意地記得美好，忘記醜陋。二十多年編輯生涯，我選擇記住的多半美好，但美好無助學習，慢慢回憶這段漫長編輯日子裡，我試著喚起一些難堪的、無奈的職場片斷，但願不要嚇跑了嚮往者。

我太老派了，我承認。對於寫信不署名，沒禮貌地詢問稿費細節心生厭惡；對於日日投稿文字卻不思改進的投稿者有點排斥；對於打電話要求以刊登文章為由幫忙創造報份的讀者搖頭歎息。但，這都是時時刻刻考驗副刊編輯的現在式。我這編了二十多年報紙副刊的老派編輯，不得不俯首微笑面對它。

作家郝譽翔曾回憶年輕時的投稿經驗，沒有電腦，沒有電子郵件的時代，她把要投稿的文章抄了不下十遍以上，希望美麗的字能獲得主編的青睞，厚厚一疊稿子被郵差丟了回來時，她抱著退稿躲在棉被裡痛哭。那時如此美好且「死而無憾」的投稿壯志，身為曾是投稿同輩者，類此屢退屢投的經驗不勝枚舉，退稿是日常，沒人敢追問編輯：「為什麼不用我的稿子？」但副刊早非昔日高樓殿堂，編輯也必須下凡面對眾生質問。

網路發達，投稿管道多元且無遠弗屆，除了傳統的郵寄方式（如今只有不善網路的老讀者會如此恭謹手寫稿紙貼上郵票及回郵信封寄至報社了），我像八爪魚般八面玲瓏故做優雅地收信，稿件來源散落如太平洋上的點點孤島，一不留意就閃神忽略，一不熟練操作就遭刪除丟入垃圾筒，包括公開的副刊版面信箱、我個人的信箱（除了報社還有雅虎與谷歌）、臉書粉絲專頁留言欄、LINE及微信等等，搞得上班時間無限漫長，彷彿隨時在收稿，又隨時在回覆投稿。甚至，有些稿子一放久了，也就忘了，不經提醒還真記不住。副刊編輯得耳聰目明，思慮清晰，機智應答。

文學很自由，但副刊編輯卻如高定服的設計師般針織縫補設計，樣樣都錯不得，一點也不浪漫啊。作者在乎的是上報，編輯在乎的是有沒有錯字。沒錯，如果你想成為副刊編輯，千萬不能讓稿子見報時出現錯字漏字，即使是知名作家的稿件也不可掉以輕心。大部分報社皆已裁撤校對部門，編輯身兼校對，不容眼睛裡有沙有石有漏拍，錯字漏字皆是編輯行業的萬惡深淵，會讓你隔日在網路被揶揄到生不如死。翻出我的壞記錄，有兩次未能及時校出作者名字漏列便出刊，一如你所知道的冷酷無情網路世界——那天，我只滑了五分鐘臉書，就決定遠離塵囂，自勉「應無所住而生其心」去也。

也因此，副刊編輯恐怕也得訓練著把臉皮變厚，我的前輩有句名言：「忍一忍，一天就過去了。」這句話源起於某日他受到上層壓力，副刊必須刊登某政要文章，政要加夫人，占了滿滿一大版，儘管他曾排斥與抗拒，長官要求，身為小小編輯他能奈何？隔日，政要當然開心，但網路上的訕笑如潮浪一波波，前輩很淡定說了以上那句經典。紙媒的好處是，睡一覺便翻過新頁，又是新的一天。但有了網路後，它就成了永久的印記。

這倒也不是鼓勵編輯者們必須隨波逐流，一份副刊的成形隱藏著編輯的理想（理念），必當有所為有所不為，想把副刊塑造成怎樣的個性？皆在編輯的算計之中。例如高信疆先生主持《中國時報·人間副刊》時代，倡議報導文學、掀起鄉土文學論戰等等，成為文學史上十分重要的一段歷程；楊澤主編推出的三少四壯專欄，集結老中青作家，也成話題之一，包括王定國、郭強生、陳又津等都曾是專欄作家群。

副刊文字常常是主角，但攝影、插畫等藝文視角也是它不可或缺的一環，如果有心從事副刊編輯，當不只將目光專注於文學領域，所有文創新品、藝文動態、影視產業等，都不妨細細品味，融入副刊，展現獨特觀點。攤開一份報紙，你能看到編輯、作者、美編共同合力完成的作品。每一個副刊版面都是一個作品，那是網路無法企及的美學，也是紙媒不死的精髓所在。

至於人間副刊編輯要同時承辦的「時報文學獎」大事，從前期寫徵文辦法、找評審、宣傳、影印、稿件初期審核等等都得自己來，此外，申請評審支票、回收評審收據、召集各類組決審會議、整理得獎名單等等行政瑣事，別肖想會有其他組同事幫忙。八爪魚要自得其樂地悠遊於文學獎大海，靠的是催眠自己：你正在做一件對文壇有益的大事。

大多數文學獎採取由投稿者影印掛號寄件，「時報文學獎」自第卅九屆開始採網路收件後，因為投件容易，的確令許多文學愛好者躍躍欲試，近幾年常在收件過程中遇到以下狀況：「請問我寄錯檔案可以回收嗎？」「請問我若得獎但很忙無法出席頒獎典禮，還可以拿到獎金嗎？」「抱歉我的作品準備出書，請將我的投件作廢！」「請問限制一萬字可以寫到一萬五百字嗎？」種種問題都考驗著一個副刊編輯如何身騎白馬過三關，請深吸一口氣，溫柔堅定且沒有情緒地回答吧。

對外要面對讀者，面對評審還要小心翼翼不讓稿件出錯，嚴厲的評審幾乎不容許偶然的失誤。例如未將作者名遮蔽這等低級失誤，真要做到涓滴不漏實在有點困難。有些作者檔案頁頁署名，有些藏在標題後，有些放在文章末，初期審查工作必須化身柯南細心抓錯，放大鏡、老花眼鏡、葉黃素等等輔助品有備無患，練一身文件軟體工夫，保你省時省事，與大數據時代不脫節。

一個副刊編輯的追劇日常裡，腦子總是轉個不停，如何讓副刊深度廣度兼具，靠的是「企劃」，過去我們曾玩過「金庸茶館」，邀請作家金庸親自回答臺灣粉絲各種疑難雜症，座談會造成萬人空巷；也曾徵集給村上春樹的一百個問題，請駐日記者親訪回答；又或者是人人追星的時代，開闢「FAN'S

CLUB」、「我的主題曲」等徵稿專欄，都是因應時代而生的欄目。副刊編輯是夢想家，要有從無到有，從平面到立體的企劃能力，早前我曾在副刊浮世繪版策劃的「典藏艋舺歲月」系列活動，從徵集艋舺老故事老照片，到萬華火車站舉辦老照片展，並進而洽談出書等等，夢想家雖在進程中屢遭打槍，約稿經常不順、來稿良莠不齊、照片品質不佳等等，但副刊編輯不被設定的人生，正是此行迷人之處。

中國時報開卷版一向是出版社的重要宣傳版面，開卷黃金時代曾周周邀請書評小組看書選書寫書評，並且舉辦開卷好書獎。不管在哪個媒體，都可能面對業務單位的綺麗金錢夢，你必須巧妙持盾阻擋，設定各種防火牆免於版面淪陷。換個角度思考，網路新時代，書評版面已非新書出版露臉的唯一管道，網紅與部落客搶著與出版社合作，而出版社也樂將一本書拆出各章節交給不同媒體轉摘採訪報導，或由各類作家分享閱讀心得。

允晨出版社發行人廖志峰曾將出版形容如飛行，就像在《夜間飛行》中，飛行員法比安的太太對著即將飛向天空的先生說：「會有好天氣，你的路上鋪滿星星……」出版有如星空探索，充滿了各種可能；不過，飛行員也極易在星空中迷航，找不到回程的道路。副刊亦然。在這個艱難且煙硝彌漫的戰場，面對出版社的多媒體合作模式，面對作家間的勾心鬥角，不妨開放心胸，創造雙贏，心心念念讀者的需求，莫忘保羅・科爾賀在《牧羊少年奇幻之旅》中的心靈良藥：「當你真心想完成一件事，整個宇宙都會聯合起來幫助你。」

曾在一堂校園寫作分享課程中收到一份學生作業，學生把一位年輕公益偶像寫得如神一般，學生們說，在他們那個年齡層沒有人不認識這位公益美女。而我恰好不認識，或者曾識卻已忘。我看見戴著口罩的學生臉龐上雙眼閃爍著充滿狐疑的眼神，約莫在心裡吶喊著：「怎麼會有這麼無知的老師？」新時代帶給我們的便利，就是可以迅速利用谷歌大神了解。回家後我查了許多相關報導，強迫自己要記住這位人生事蹟已在十八種版本教科書被選入的大人物。可是我那身為編輯又曾當過記者的毛病犯了，在她的故事裡我只看到「她」，沒有「其他」。這使我產生懷疑。

存疑並且好奇，我認為會讓副刊編輯在工作上更順心，譬如有首詩，作者在詩作中使用了一個取自三國志的名詞，我不懂，便去信詢問，作者顯然假設讀者都很「了」，但身為編輯，我必須為其加註以服務讀者。我做了，安心。

這是編輯的基本責任心使然。舉此例是告誡自己也是提醒後輩，如作家廖玉蕙老師所寫：「閱讀與寫作是一種心靈相互靠近的學習」，副刊編輯也藉著閱讀各式作品持續學習著。

或許有一天，副刊編輯這行業名詞將消失於職業欄中，但文學不會，當載具改變，副刊兩字如孫悟空千變萬化活躍於網站各角落，我們可以學習當PODCASTER、YOUTUBER、粉絲頁管理小編等等，它不再只是被動地打開報紙被看到，而是敲鑼打鼓吶喊，想盡辦法讓讀者願意多花一分鐘轉動眼球透過手機或網路讀一篇好文，透過各種說書吧唸一首詩。

所以，當看到文學暢銷書排行榜上，有那麼一本書輯自IG，有這麼一本詩集充滿厭世，或者有書名直白到想去餵狗，且把它當成時代之必然，副刊編輯在緬懷華美文學過往時，也必得騎著飛象航向奇幻新時代。

我並非中文或新聞系出身，只是從小將報社副刊編輯視為人生志業，並在這多年職業生涯裡樂在其中，把種種酸甜苦樂轉化為成長養分，如果你也跟我一樣，有一顆熱誠學習之心，樂於隱身幕後當一名編織者，那麼，你已掌握副刊編輯的入職密碼，打開副刊之門，來玩吧。

附錄　本書各篇作者簡介

吳鈞堯　出生金門，曾任《幼獅文藝》主編，現任中華民國筆會秘書長。曾獲九歌出版社「年度小說獎」、五四文藝獎章（教育類與小說創作）、中山大學傑出校友等，《火殤世紀》獲得文化部文學創作金鼎獎、《重慶潮汐》入圍臺灣文學館散文金典獎，多次入選年度小說選、年度散文選。著有《100擊》、《遺神》、《孿生》等散文與小說著作，二〇二一年秋出版首部詩集《靜靜如霜》。

陳逸華　聯經出版公司副總編輯。曾於舊書店服務。擔任過臺灣首場「舊書珍品鑑定會」鑑定者、臺北文學季文學書塾系列講座講者等。執編書籍曾獲Openbook好書獎、臺北書展大獎、香港書獎、金鼎獎等。

董柏廷　一九八六年生，彰化師範大學國文系畢，政治大學華語文教學碩士學位學程肄。曾任《自由時報‧自由副刊》、《文訊雜誌》編輯。現為文字工作者。

蘇紹連　國小教師退休，曾參加後浪詩社、龍族詩社、臺灣詩學季刊社，主編吹鼓吹詩論壇。著有《茫茫集》、《驚心散文詩》、《隱形或者變形》、《童話遊行》、《時間的背景》、《時間的零件》、《無意象之城》、《非現實之城》、《我叫米克斯》、《曠遠迷茫——詩的生與死》等詩集，並有《鏡頭回眸——攝影與詩的思維》、《你在雨中的書房我在街頭》、《攝影迷境》等攝影書。

邱靖絨　長期服務於出版界，現為菓子文化總編輯。輔仁大學德文所畢，詩作多發表於《創世紀詩雜誌》等報刊，曾獲優秀青年詩人獎。試圖以創作為破繭與作繭之路，探索自我與莫名旋轉的世界。著有詩集《不斷迷路的城市》。

李偉涵　一九八五年生，東吳大學中文系畢業，現任自由工作者，接案項目包括採訪、編輯、美編、設計等。曾任遠景出版主編。曾出版《希望之石》、《密室逐光》、《天照小說家的編輯課》、《鳶人》等書。

蔡昀臻　遠流出版主編。先後任職於《自由時報‧自由副刊》、《文訊雜誌》、《中國時報‧開卷》等媒體。曾獲林榮三文學獎、打狗鳳邑文學獎等。

陳　皓　曾任《薪火詩刊》、《鳴蛹季刊》、《野薑花詩刊》主編，與《曼陀羅詩刊》編輯委員、《葡萄園詩刊》美術編輯。現為「景深空間設計」設計總監、「小雅文創」總編輯。著有詩集《在那裡遇見寂寞》、《空間筆記》、《護城河》。主編《臺灣一九六〇世代詩人詩選集》、《臺灣一九五〇世代詩人詩選集》、《臺灣一九七〇世代詩人詩選集》等。作品曾獲新北文學獎新詩首獎、兩岸漂母杯文學獎、枋橋藝文獎。入選《兩岸當代詩萃》、《臺灣一九六〇世代詩人詩選》、《海星詩刊選集》、《乾坤詩刊25週年詩選》等。

廖之韻

現為奇異果文創發行人兼總編輯，曾任雜誌主編、圖書主編，著有：詩集《少女A》、《好好舞》、《持續初戀直到水星逆轉》、《以美人之名》；散文《快樂，自信，做妖精》、《我吃了一座城》；小說《裸・色》、《備忘》；主編《性別平等議題多元選讀本》；與沈斑和赫米兔工坊合著繪本《庫特的毛線時光》。

陳　謙

本名陳文成，佛光大學文學博士，南華大學出版事業管理碩士。曾任經濟部工業局數位內容人才培訓專班「故事行銷」教師，龍華科大遊戲系「劇本創作」教師，傳播公司電視編劇，中時集團文案編輯、網路書店行銷經理及光電企業品牌經理、出版集團經理兼總編輯，現任教於國立臺北教育大學語文與創作學系，兼任《北教大通識學報》、《當代詩學》學報主編，耕莘文教院、國立臺灣海洋大學出版顧問。學術專長為故事行銷學、出版編輯學、臺灣現當代文學等。作品曾獲吳濁流文學獎、文建會臺灣文學獎、臺北文學獎等十餘項。著有詩集《島與島飛翔：陳謙詩選》、小說集《燃燒的蝴蝶》、旅遊文學《戀戀角板山》及其他文學及論述作品等十五部。

龔　華

輔大食品營養系理學士，中國文化大學中國文學研究所碩士。小白屋詩苑社長，曾任乾坤詩社社長、丹麥AVIENDO FAIRY TALES文創團隊童話繪本亞洲創意總監。曾獲第四十一屆文藝獎章、詩運獎、詩歌藝術創作獎、華岡文學獎新詩創作獎。作品入選《現代女詩人選集》、《新詩三百首百年新編》、《年度詩選》、《臺港情詩選》，以及多國「世界詩人大會詩選集」等。著有《情思．情絲》、《花戀》、《玫瑰如是說》、《我們看風景去》、《永不說再見》、《以千年的髮》等詩、畫、文集，與碩論《詩人梅新主編中央副刊之研究》。主編《自己做陀螺——薛林詩選》，譯詩選《逆光》、《世界詩選——鶴山七賢》，童話繪本譯寫《小夜鷹》等共十六部。

趙衛民

浙江省東陽縣人。詩人，中國文化大學中文系文藝組畢業，中國文化大學哲學博士。現任淡江大學中文系教授。曾任國立彰化師範大學國文系教授，《聯合報．聯合副刊》資深編輯。曾獲中國時報敘事詩優等獎、國軍文藝長詩及散文銀像獎計十餘種。著有《德勒茲的生命哲學》、《尼采的生命哲學》、《簡明中國哲學史》、《莊子的風神》、《新詩啟蒙》、《老子的道》、《莊子的道》及詩集《猛虎和玫瑰》、《芝麻開門》等五部，散文五部，計二十餘部。

楊宗翰

現為國立臺北教育大學語文與創作學系副教授，曾任淡江大學中文系專任副教授、國立清華大學華文所兼任副教授。主要研究領域為出版編輯學、現代詩學、臺灣文學、華文文學。著有專書《破格：臺灣現代詩評論集》、《逆音：現代詩人作品析論》、《異語：現代詩與文學史論》、《台灣新詩評論：歷史與轉型》、《台灣現代詩史：批判的閱讀》、《台灣文學的當代視野》，另曾主編《大編時代：文學、出版與編輯論》等七部，與師友合編《台灣一九七〇世代詩人詩選集》等八部。

盧美杏

現任《中國時報．人間副刊》主編。曾任記者、編輯，主編過《中國時報》之寶島版、浮世繪版、家庭版等副刊版面，並曾為《人間福報》、《就業情報》專欄作者。編著有《典藏艋舺歲月》、《花蓮無毒農業跳曼波》、《醫者——披上白袍之前的十四堂課》等。

話說文學編輯 228

社會科學類　PF0309　Viewpoint 61

話說文學編輯

主　　編 / 楊宗翰
作　　者 / 吳鈞堯、陳逸華、董柏廷、蘇紹連、邱靖絨、李偉涵、蔡昀臻、
陳　皓、廖之韻、陳　謙、龔　華、趙衛民、楊宗翰、盧美杏
責任編輯 / 鄭伊庭、楊岱晴
圖文排版 / 陳彥妏
封面設計 / 劉肇昇

發 行 人 / 宋政坤
法律顧問 / 毛國樑　律師
出版發行 / 秀威資訊科技股份有限公司
114台北市內湖區瑞光路76巷65號1樓
電話：+886-2-2796-3638　傳真：+886-2-2796-1377
http://www.showwe.com.tw
劃撥帳號 / 19563868　戶名：秀威資訊科技股份有限公司
讀者服務信箱：service@showwe.com.tw
展售門市 / 國家書店（松江門市）
104台北市中山區松江路209號1樓
電話：+886-2-2518-0207　傳真：+886-2-2518-0778
網路訂購 / 秀威網路書店：https://store.showwe.tw
國家網路書店：https://www.govbooks.com.tw

2022年3月　BOD一版
定價：280元
版權所有　翻印必究
本書如有缺頁、破損或裝訂錯誤，請寄回更換

Copyright©2022 by Showwe Information Co., Ltd.
Printed in Taiwan
All Rights Reserved

讀者回函卡

國家圖書館出版品預行編目

話說文學編輯 / 楊宗翰編. -- 一版. -- 臺北市 :
秀威資訊科技股份有限公司, 2022.03
面 ;　公分
BOD版
ISBN 978-626-7088-00-5(平裝)

1.編輯　2.出版學

487.73　　110018911